Play Cosmetics

玩妝

劉培華

劉培華 著

嬉‧生活
Chic 015
高寶書版集團

自信、美的姿態

二○○六年九月下旬巴黎的午后，天氣有點熱，街頭服裝店的櫥窗全都換上了新裝。在左岸聖日耳曼街角一個很棒的咖啡館內，很難得與培華一起悠閒的享受香濃法式咖啡以及舖滿棗紅色覆盆子的甜點。培華優雅的喝了一口咖啡，以很堅定又充滿自信的語氣，透露他即將籌劃出第二本有關美容造型的書籍：真的很佩服他，只不過半年的時間，在他滿檔的工作中，還能按照原訂計劃完成第一本著作。

凡事追求完美，即使小細節也不例外的培華，可能與他A型天蠍座的個性有關。培華認為出書並不難，但要出一本好書，如何簡短、完整將正確的訊息與方法傳遞給每一位女性，讓全天下的女性變得更美也更有自信，正是他出第二本書的真正目的。

特別值得一提的是，培華雖是一個彩妝造型大師，可是他對保養卻有獨到的見解，他崇尚自然的保養方法，並且身體力行，從運動、飲食、體內環保到外在選用天然不刺激的保養品，以及快速又有效果的按摩方式，讓肌膚在體貼、溫柔的呵護下保持年輕，書中都可聽培華娓娓道來。

彩妝造型上，培華推翻了一妝定天下的看法，他認為現代女性應有多樣的變化，他教大家用很簡單的技巧，更貼心的準備了VCD，輕輕鬆鬆的就能學會他的獨門功夫。

用「最完全的工具書」，「享受化妝保養的樂趣」來詮釋培華的新書是最貼切的。

培華，恭喜你！

資深美容教育家
石美玲

美麗之旅

其實，在我做藝人的這段時間裡，合作過不少的彩妝造型師，但是，能真的成為朋友的，實在不多。和培華從陌生到熟悉，卻似乎是一種理所當然。已經不記得是什麼機緣開始合作的，然而，從21場的舞台劇開始，培華對美的堅持及認真的態度，就已經深深的打動我。到之後每次比較性感的演出，培華一定是我第一個想到的合作夥伴，我想，是因為他的認真及不計較的態度，換得了所有和他合作過的人的信任吧。

現在，在上一本將所得全數捐出的《玩美達人》彩妝造型手札之後，培華又有新的作品了。《玩妝》將告訴你培華最私密的保養方法及如何自己掌握完美妝容的技巧。而我認為，如果妳在看完書後，能夠將培華打粉底的技巧學到80%，那我幾乎可以保證，妳絕對可以每天都美美的出門。因為即使在我這麼多次的親身體驗後，我依然無法打出像培華幫我上妝時那種又薄又貼，而且全部瑕疵都可以看不出來的超完美肌感。所以，有這麼好的機會就別再等啦，趕快把書買回家，好好的練習，開始妳的美麗之旅吧！！！

藝人
林佳儀

美女的創造從有心開始

　　提起筆來描繪——劉培華——這字號人物看似很容易，但實際上卻是五味雜陳又不知如何下筆，我只能說他是我所遇見過最可愛又可怕的頂尖人物。

　　我個人從事美容工作至今已有二十餘年，在這段期間看盡無數美容人才的迭起，每個人都用盡全身心力去經營美容事業，包裝自己的視覺化美感，強調自己的專業達人地位，努力架構自己的人脈網路，讓身旁更是充滿了世界頂級的時尚名牌，這一切一切都是努力後的實質成果。但是在培華的身上卻是讓我看到了另外一項的特質，那就是他的「愛」，無私、無怨，無選擇性的愛心。一位造型達人除了將自身的工作發揮到頂峰狀態外，竟然還能以「心」看世界，並透過工作來傳遞心中的所愛，將自己工作層次再度提昇，不但真正落實美容生活化，更是將現代冷漠的人際互動中，重新注入一股美容的暖流。

　　最喜歡欣賞培華在工作時的狀態，那真是一種甜美無比，彷彿在吃下午茶般的悠閒又愉悅。當他拿起筆刷輕沾色彩落於模特兒臉龐時，那劃過的一刻有如芭蕾的旋轉起舞，他雙眼注視模特兒時又有如雕塑家在精準地欣賞自己的藝術品，而當他在與模特兒對話溝通時，卻又如執友般親切溫馨。試想在這樣地情況下怎會沒有傑出的作品呢？培華擁有稚子之心，他在感動時會落淚、興奮時會起舞，遇到挫折時感傷一番就會找尋答案，讓自己腦中的負面能量消除，轉以正面樂觀態度來解決，這也是現代造型達人大師的首要成功條件，更是讓我這人生半百的人對他佩服的一點。

出版第一本書時培華有如明星般的心態，璀璨亮麗，但是出版這本書時，他讓我看見了樸實的質感美，不是光強調彩妝色調之美，或是他的技法有多高超，反而是將女性的真與純實際地呈現出來，如果說女性是一顆顆末經設計的原石，那培華就是擁有一雙神妙之手的人，他使不同的女人散發出各種光澤，重點是這顆設計過後的寶石又各不相同，且各個是名牌又無價。在書中他協助女性發現自己的重要性與社會人際關係是多麼重要，從生活中落實愛自己、由身體肌膚的美，面龐五官立體的美，精神層面的心靈美，肢體表達的旋律美，真是讓人無法想像這些竟是出自於一位男性細膩的心，不過這同時也讓女性了解怎樣去被別人欣賞。

世界上任何成功的人，任何成功的企業，都會面臨到一個共同問題，那就是生命是有限的，時間是有限的，可是心中的慾念是無限的。站在尖峰的達人一定是比任何人還多一份警覺感。培華在美的環境中讓自己成長也成熟了。在工作的磨練中他又給了自己另一份使命感，那就是教育傳承的責任。因此他出書以文字來傳承觀念，另一方面他更是深入校園中，與學員相互砌磋學習，將自己的專業以教育的方法傳達給更多有心想成為造型師的學子，並且將他的觀念、技術發揚光大，許多人都說造型是騙人的，造型師最會說甜言蜜語，造型師出書都是只能給明星、美女使用，所以不用看，翻一翻就好，別浪費錢。其實世界上只有懶女沒有醜女這句名言人人皆知，可是又有幾人會懂美女的創造是要先從有心開始呢？每個人生都是一本書，劉培華的美容人生是一本豐富又精彩的書，若不去翻閱細細品讀又怎知書中精粹，世界上最好的學習管道就是借由別人的經歷來充實自己的人生，我相信培華這本書一定會成為現代女性的時尚新寶典。

嘉南藥理科技大學
經國管理技術學院助理教授
何耐銀

美麗樂活

　　古云：女為悅己者容。其實，化妝不再只是為了要讓人欣賞，那也是現今的一種禮貌，一種能增加自己自信心，讓自己更開心的方法之一。在這本《玩妝》裡，我們可以看到培華適時地將色彩妝點在不同場合，以一種舒服又自然的態度，呈現女人多樣的美麗風情。

　　培華是一個(心)非常美的人，當初聽到他要將這本書的版稅，全數捐給原住民小朋友時，真的非常的感動。而且雖然他身為一個男人，他不但能將美表達的淋漓盡致，他那種認真、自然的態度更令人激賞。非常推薦這本書，願您是一位內外皆美的(真美人)。

　　　　　　　　　　　　　　　　　　　　慈情股份有限公司董事長

單眼皮也很美

　　如果抽離了欣賞美的能力，人生多麼無趣。
美可能與生俱來、渾然天成，但更多的時候，一要學習和養成。生活裡處處都有美，如
果與美為伍，豈不更是一種享受。

　　培華是那種把美捧在手掌心裡過日子的人，雖然他的美學信仰也經過學習和放下，
才真心真意地感受到美的真實和自在。有一段時間，剛接觸美，把美當作工作，曾經每
天都為了斤斤計較自己辛苦創作的美妝、造型是不是被別人接受，甚至被肯定和讚美，
而不得不戒慎戒恐。培華說，為藝人做造型，造型師的聲音反而是最小的。因為想要說
服別人塑造自己心目中的完美，而充滿壓抑的心情，忽然，世界變得不美了。

　　放掉，有時候反而意味重新找到更多。從專業彩妝師到服裝造型、參加成長團體課
程、去逛布莊、學花藝；接觸更廣義的美學，培華的美學工作經過階段性的成長，變得
更為在乎的是自我平衡。重新再回到美的領域，視野從教別人如何變美，到從分享彼此
生活經驗，獲得協調之美。美沒有絕對，只有相對。化妝如此、穿衣和生活都是如此。
「我適合哪一種妝？我屬於哪種Style？」雖然培華的新書裡花了不少章節教導許多學習
美妝的實用步驟，但是他真正想表達的是，美不必設限，可以當作是遊戲，甚至鼓勵借
著美，扮演另一個角色、或是給自己另一種心情、另一個漂亮的理由。學習美，沒有適
不適合，只有場合和心情的分別。

　　美也是最好的安慰和鼓勵自己的方法。培華嘗試從「樂活」的精神和心境再去探究
美。所以他在書裡特別加了按摩手技和芳療法，希望現代人能從放慢腳步裡體會就在身
邊，但常常忽略的美；從面對愈來愈快、愈來愈多的科技文明，搶回一點踩煞車的自主
權。不要小看氣味和按摩的紓緩作用，也是關乎養成美感的知識。
美更是一種選擇。其實和培華因為美而結緣，成了朋友，不多我一個。但是，美既然是
我們共同的工作和討論的話題，就更有理由互相分享、學習。與其說推介培華的新書，
是教人如何變美，不如說是引領更多人展開心胸，發現全新的自我。
美是需要被打動的、美是全然的分享、美更是一種學習對生活自在、從容的態度。培華
花了十七年的時間研究美，傳達美：我想說的是，全心把一件事情盡力做到最好；培華
在工作上的認真和專注，或許正是實踐美的第一堂課吧！

資深時尚觀察家
袁青

沒極限的彩妝藝術　沒極限的溫暖慈善

約是八、九年前，我還是一個剛出道的小歌手，常常接觸一些優秀的彩妝跟造型大師，對於時尚，我永遠就是沒辦法勝任，我是個懶嬉皮，於是我變成一個很喜歡讓大師玩弄造型的怪怪女生，因為藉由他們的創意，我可以扮演好多的樣子，首先謝謝所有幫過我的彩妝跟造型師。

那時候認識了一個特別的人，他很喜歡在我的臉上嘗試各種不一樣的色彩，就像我的臉是一張好玩的畫布，他認真又創意的在我臉上揮灑著，也常常有意無意的告訴我，其實追求自然舒適，也可以同時在自然舒適的境界中找到新的層次與質感，而這一切就是得用心。他除了喜歡在我臉上追求色彩跟造型的可能性，他也很喜歡用他一貫溫柔的語氣告訴我，像我這樣的女孩，其實可以有怎樣的改或追求更高層次的境界的勇氣跟態度。我除了是一張很安靜的畫布，同時我也是他生活態度的學生。他，一個受人敬佩的彩妝師，我的培華哥。

先前他出了一本彩妝書，但比較不一樣的是，他出書只是希望用得來的一點點收穫回饋給需要的人，上次他選擇了偏遠的西藏，這次接到電話，一個令我振奮的消息讓我又開心又感恩，他告訴我，他要出一本新的彩妝書，不過這次回饋的對象，是自己土地上的原住民小孩。對我這個來自深山部落的鄒族阿里山姑娘，我有了好大的感受，或許是最近自己也常常做一些部落回饋的事情，我深深了解，其實台灣有很多墮落的小孩們，真的需要很多的幫忙與支持，如果每個人都可以用心去觀察去付出，其實黑暗的角落，也會漸漸的回復它該有的色彩。

原住民文化本該就是充滿著無限色彩的，無奈於許多現實的起跑點差異性，讓很多原住民小朋友找不到自身該有的顏色，不過還好有很多人這樣默默付出默默去支持，讓顏色找回顏色的無限可能性。

一個彩妝藝術者，用著他的愛心，讓許多失去關愛的角落，漸漸有了色彩漸漸有了希望，此刻的我，正好在我的部落裡面，享受著純淨安靜的夜晚，我微笑著，彩妝跟慈善竟然有著這樣的共通點，就是沒有極限沒有界線，只要有心揮灑，作品會不斷的創新，只要有心，愛心會不斷延續。

你準備好了嗎？看著這些美的作品，然後把你的愛心藉著這些色彩，到需要色彩的角落裡邊。我祝福培華哥的書可以跟上次一樣受到歡迎，我祝福每個付出愛心的人，心中的溫暖可以不斷的延續滿溢。

藝人

（白芷・雅達巫庸安納）

彩妝界的拿手好戲

　　還記得第一次驚豔培華的作品，是在某位國內設計師的服裝秀後台，跟當時的名模何墨寒打招呼，看到她臉上的彩妝，內心泛出一聲OS：哇！怎麼有人可以把金色眼影畫得這麼美這麼有層次！然後就看到培華前面的椅子上還坐了一整排的model，正等著化妝，在時間緊湊、人數眾多的秀後台，還可以用速度感堅持細膩的筆觸，就是劉培華在彩妝界中的拿手好戲。

　　說到好戲，跟培華一起工作，少不了都會隨之上演一齣齣有趣的戲碼。

　　學舞蹈科班出身的他，加上喜歡哼兩曲，常常化著化著，就來上一段小調舞曲，不論場景是在攝影棚、峇里島的豪華villa泳池畔、還是缺氧的高原。

　　跟他合作這麼久，經歷過這麼多精彩的作品，直到大家都尊稱他一聲劉老師的現在，培華仍是保有他那份赤子之心，對於艱難的外景地甘之如飴，對於難度高的單元充滿好奇，以大師之姿，從來不會嫌棄報酬微薄的雜誌工作，我想，也正因如此，他可以一路在時尚中站在領先的位置，成為一名可以不斷吸收時髦資訊再教育彩妝新兵的流行使者。

　　除了工作上的成就，培華的熱心公益，也常是圈中話題，有幸參與了上回他和髮型師Betty一同發起的募款給藏區孤兒院小朋友添羽絨衣的善舉，這回這本書的版稅也都會捐做公益之用，不僅在書中學習了彩妝新知，還可以兼付出愛心，不禁要希望，培華可以多多出書喔。

VOGUE雜誌

服裝主編 婁彥珍

美的實踐

　　認識培華已經有一段時日，當初我常常到東南亞以及各地作秀，而那時他還在舞團，就到處跟著我們四處跑，我們就像一家人一樣，常常相處在一起。他是一個非常認真、單純又很有才華的人。那時他偶爾會幫我弄弄頭髮，當時我就覺得這個孩子的手很巧，也很細心。而如今他一路走來有這樣的成就，也讓我覺得這是他努力得來的，因為他就是這樣一個堅持著自己，非常嚴謹要求完美的人。所以，我相信他的書一定也跟他的人一樣，是以著一個認真的態度，關懷讀者的心，來做出這樣一本實用又美麗的書。

　　而化一個美麗的妝，是每個女人都該關心的課題。如何做出最適合自己的妝扮，如何懂得自己的優點，呈現出最美麗的自己，如何在不同的場合展現自己，這都是非常重要的。我也很謝謝培華，能夠把這次書籍的版稅捐贈給原住民的小朋友。真的非常推薦大家欣賞這本，由一個非常認真、用心、腳踏實地的人所做出來的書。

祝　出書大賣！

藝人
湯蘭花

專業的堅持

　　培華這人是挺有意思的，初認識時，因著是工作上的配合，看到的是工作時的那一面，後來有各樣的因緣，配合和見到的次數多了，有了不一樣的了解！每次見著，對他總會有不同的發現！算是所謂的深緣吧！

　　看他在工作中，是很有自己主見的，一種很專業的堅持哦！可他也同時又很有察言觀色的敏感度，這使他的主見不會淪為過度的自我和固執！這點令我對他有更不同的評價，一般的設計師，在功力和協調力之間，較難取得平衡呢！

　　可以這麼說，他是個有才氣、有點脾氣，但絕不粗氣的人。我可以感受到他細膩敏銳的心思隱藏在略帶隨性的外表下。這是個很有個性，也很有心的人哦！這回他出書了，也是有心想為別人做些事，又不想太張揚的！這大概就是叫我忍不住厚著臉皮提筆為他寫這序文的原因吧！

佳麗寶化妝品集團副董事長
鄭娟芳

濃妝淡抹總相宜

　　認識培華已有一段時日，只能說，難得在
這浮華世界裡，他仍不動如山，並沒有迷惑在
五光十色的大染缸裡。很慶幸的，在我身邊總
有許多好朋友。　而我從他們身上也學到了很多
東西。在培華身上，我學到了許多。

　　06年的秋天，外子和我應邀為CHANEL－
J12手錶代言。當時，我請培華幫我作造型。
他是一個很能接受意見的人：「妳想作什麼樣
的造型呢？」培華說話總是這麼輕聲細語，讓
人感受到他的親切。「嗯……時尚一點，來個
大波浪捲髮、煙燻妝，你覺得怎麼樣？」我天
馬行空的回答。「真的嗎　？」培華像小孩子一
樣興奮。（通常我如果這麼告知其他彩妝師　，
可能會把對方嚇倒。接著會提醒我，這樣可能
不太好，要不要保守一點之類的話。）但培華
不同，他很快樂的接受了。令人佩服的是，培
華上妝速度很快，但決不含糊。當他完成時，
我俏皮的要求他，要不要在頰邊點顆痣：　「好
啊！這樣有畫龍點睛的效果。」他爽快的答應
了。　「其實，煙燻妝很美，但是如果一味強調
它是煙燻妝，畫的很誇張，反而就不美了！　所
有的妝法，都是要適可而止。不管流行如何變
化，化妝只是讓我們更美，讓人賞心悅目，而
不是去強調它的技巧。」培華緩緩的說出了這
番話，卻令我感觸良多。可不是嗎？人生的態
度，不也正是如此，過與不及，都無法圓滿。

再說說培華的二三事，去年冬天，我可愛的小妹結婚了。我請求培華在婚禮當天為小妹上妝，他快樂的答應了。於是，我邀請他在白紗出場後，和大家一起在禮堂用餐。等第二、三套換妝時，再至新娘休息室補妝即可。「好啊！」他什麼都說好。婚禮十分緊湊而忙碌，小妹豔光四射，吸引了眾人的目光。待婚禮結束後⋯⋯「培華呢？怎麼沒見到他來用餐？」我問小妹：「他怕我換妝時，找不到他，或是擔心時間太趕，所以他決定留在休息室等我，讓我放心。」小妹感激的說：「妳知道嗎？他在空檔的時候，就把下一個妝該用的刷子、彩妝、頭飾、禮服等，排列整齊。所以節省了很多時間，讓我無後顧之憂。」一切都是如此的井然有序，培華敬業的工作態度，令人佩服。

我想，這些都只是生活中的小事情。卻能幫助大家更了解培華的為人：好脾氣、敬業、熱心、孝順：都不在話下。這麼一個優秀的彩妝大師要出彩妝書，是很令人振奮的消息。

一如他的工作態度，這本書巨細靡遺的向大家介紹了所有的彩妝技巧與知識，是一本非常實用的工具書。我常覺得化妝很麻煩，但培華告訴我 只要知道自己臉部的優缺點，稍作修飾，任何人都是賞心悅目的美女。

台灣女孩子很可愛，樸實善良，幾乎都不上妝（或許還真不知從何下手⋯⋯）到了騙死人不償命的百貨彩妝專櫃，小姐憑著三吋不爛之舌，慫恿妳買了一堆彩妝。 回家後，卻發現不知從何開始？手感也不如專櫃小姐這麼好。 於是可憐的彩盤，就此被束之高閣，不見天日，相信妳我都有這樣的經驗。那麼，妳所需要的是一本實用的工具書，教導妳如何正確使用彩妝，而不造成浪費。跟著培華的專業腳步走，相信除了替妳省下大把的時間和銀子外，還會少走了許多不必要的冤枉路。

培華，謝謝你這麼認真的出了這本書，造福了廣大的女性同胞們。也祝福本書大賣，能成就你的心願：所捐出的版稅，能幫助921地震，尖石鄉原住民部落的小朋友們，快快樂樂上學去！

時尚　生活觀察者
紫晴　于嘉寶園

祝培華新書大賣，造福愛美的女孩們，也
造福更多的孩子~
伊林模特兒 林又立

不多說……他就是位「白金卡」的大人物
Tramy

培華，是我認識最濫的好人！！他是任何事他都幫，而且
是從不求回報的！同時也是很夠義氣的朋友！這次出書又
是做公益的，所以呢我希望這第2本書能大賣！能夠讓他完
成心願幫助更多的人！
加油！培華！！
服裝自創辦品牌的老闆 小美

認識你是我這輩子最快樂的……謝謝你多年來讓我美麗永恆。
永遠支持的朋友 王靜瑩

美麗來自於自信，自信來自於你！
My best friend 曲艾玲

自信的女人最美！認識培華，讓我了解如何可以更美，更懂得自
己，更了解生活。翻開這本書，你也可以懂得做一個完美女人。
伊林模特兒 林嘉綺

不同色彩與觸感結合而成的直覺之美，恰等同培華與彩妝不可分離的情感因素。
翡歐力創意總監 邱雅菁

謝謝培華讓我成為好友名單之一。
更謝謝他讓我參與了他第一本彩妝造型手札的美術設計。
雖然經過了幾個月的催生，最後的成果是令人雀躍的，辛苦的代價
是值得的。他也流了不少的眼淚，而我的胃也發炎了，哈哈哈！
培華，你是最棒的！！
時尚雜誌美編 柯小小

書真的super棒的啦！期待你的下一本唷~

模特兒 孫麗婷

培華哥，是一位優雅、善良、個性風趣幽默的魔法師！

他總是讓我從醜小鴨變天鵝，

他總是細心又貼心的打理我的妝容，

他就是擁有讓女人"變美麗的魔法！"

擁有這本書就如同擁有了~美麗魔法寶典喔！

祝　　　　新書大賣

藝人 張庭瑋

難……

很難是……難得

我想在這意識混亂的世代裡，培華自始至終對於美的堅持。

在東西文化的激盪衝擊中，培華擁有自己的視覺論點，

真的要我簡單的說，我只能說〈難得顏色〉來形容

花藝設計師 張啓昌

一本內容實用，版稅做公益的好書，一定暢銷！

藝人 張鈞甯

真誠率直、細膩貼心是你帶給朋友最深刻的感動與溫暖；

專業領域中不斷努力精彩，你是時尚圈最具魅力的藝術大師！

瑪麗蓮行銷公關經理 黃心慈

認識培華，發現他是一個至真至善至美的人，從他對各種事物的態度就可以得

知。推薦他的好書跟大家一起分享，分享他的專業、認真及樂活的生活方式。

愛你的姐 陳秀汾

培華，他是一個把美貫徹在四處的人，無論是彩妝、生活，都

可以看見美的身影。這是一本讓女人更有自信且實用的書，推

薦給每一個愛美的人。

伊林模特兒 陳思璇

對培華來說，美麗不只是個名字，而是一顆種籽。

他用熱情灌溉她，用細膩的態度呵護她，含苞待放的過程已經令人期待了。

現在，就讓我們好好欣賞這朵盛開的玫瑰吧！

藝人 陸明君

Jo'elle♥.

每一種色彩都藏著一個美麗的精靈，適時地妝點在臉上，就會呈現繽紛多樣的風情。美麗，不只是一個樣子，培華在他的書中，自在揮灑玩妝，讓每個女人都能擁有萬種風情。

知名服裝設計師

一定大賣！

藝人　彭佳慧

培華出第2本書了～～

去年出第1本書後，我從那本書裡學到了不少的技術。

在第2本書裡，有介紹好多的按摩手法、化粧技術。

愛美的妳一定要來跟培華學習最棒的方法。

培華恭喜恭喜～～

祝你這本書大賣。然後　更多愛美的人漂漂亮亮的！

藝人　愛紗

玩美，幾近完美：妝型，絕對有型！

我心目中永遠的『美・型・男』

培華的超級好朋友　蔡振文

給我心目中最可愛的西藏男孩「培華」：在美麗的大草原，你的笑容特別甜美、天真，我愛你的笑容、你的善良、你的心，我代所有受過你幫助的人向你「感恩」，你是我心目中的人間菩薩。

愛你的姐　楊麗霖

非常真誠善良對待生命的好人，一本實在並且充滿愛心的好書！

藝人　蔡燦得

開心是和他工作時的氣氛，認真是和他工作時的態度。抓到最對的感覺，是一種幸福。

攝影師　藍陳福堂

在於他的細膩和敏銳的觀察力，讓大家沉浸在培華創意無限的美感空間……

專業造型師　羅之遠

在培華的彩妝筆下，我們永遠看到最美的事物，還有專業、熱情與愛心。

廣播名主持人　俊昌

這是本由裡美到外的書。可讓愛美的妳更加漂亮外，還有此書的所得會
捐給慈善機構。幫助人會讓妳感到真正的快樂！

髮型設計師　貝悌

告訴你一個演藝圈的秘密，你可以輕易到達美麗無暇
的境界或是超有自信的做自己！

藝人　張洛君

沒有培華，便沒有完美，他擁有一切的可能性！

模特兒　殷琪

他認真工作，他的妝有種很誠懇的感覺。
他熱愛生命，他的人用現世的眼光看是個濫好人。
他……是劉培華！

藝人　張本瑜

把「美」推廣出去，可造福下一代，也讓自己更美。
「大賣培華」！

藝人　小亮哥林姿佑

在這邊先預祝你書大賣，你的書讓我們美麗，你的書讓我們健康，你的書就像音樂裡
的音符，跳躍出每個女人心底最深層的美麗，加油！

秀秀

總是在重要的場合，你都讓我美美的出席，因為
有你，讓我更放心！

藝人　林心如

熱情
推薦站

這幾年在各大媒體或者是報章雜誌上，都可以看到所謂的樂活生活的形態，那什麼叫做樂活呢？廣義、簡單來講，是一種屬於快樂的生活方式。樂活美妝，其實就是享受化妝的樂趣，將化妝成為生活中一種很自然的事情，而且是非常享受其中的。

其實我們會發現，現代人因為工作、社會上種種的壓力，有形或者無形的壓力非常非常的大。它逐漸會在我們身體、心裡，造成很大很沉重的負擔，只是平時我們都沒有特別的去注意它，日子久了，我們才會覺得精神不夠好、氣色不夠亮，整個人看起來就是黯淡無光。於是，有很多的人開始吃些生機飲食，開始會注重運動養生，甚至於有些人會開始學習打坐，或者是調節呼吸。他們都是希望藉由這些活動讓自己去體察內在對於生活上的壓力，然後去紓解。

這些年來，以前的我一直都覺得化妝好像是一個工作，或是一種形式，可是這幾年來漸漸的發現，其實，化妝也是一種樂活生活的型態。怎麼說呢？有些時候，一個專業的化妝師，當他的手碰觸到你的臉上時，他可能會讓你的疲倦暫時獲得紓解，在我過去的經驗裡，曾經碰過一位新娘子，她其實是一個習慣有起床氣的人，但是藉由幾天的相處，以及在幫她化妝的過程中，她的起床氣完全沒有了，甚至於說，在我跟她互動的過程當中，幫她化妝時，竟然能夠藉由我的手、藉由我的專業，安撫她的情緒。其實，在英國有些人會稱化妝師為心理諮詢師，因為藉由化妝師手的觸感、化妝的技巧，的確可以安撫人

心，不管從身心靈的狀態下，它都能夠去撫平它，甚至於可以去安撫他不安的情緒。所以，像工作時，碰到有些藝人，或是模特兒，他們前一天晚上工作到很晚，可能隔一天的精神不太好，或者睡得不夠好的時候，藉由我的化妝，或者是我的一些手法，可以讓他整個精神，或者整個人變得比較亮眼，所以，我覺得在這個現階段來講，這也是符合所謂的樂活美妝的精神。

平常，我們怎麼去增進對於美學的認知呢？

從以前我就一直很喜歡玩色彩上的遊戲，因為東方人比較害怕所謂的玩色彩，所以，無形中會給自己很多很多的限制。或者說，我們平常可能只習慣穿黑色、咖啡色的衣服，衣櫃打開後幾乎都是黑白灰，沒有其他的色彩可言。在我的觀念，當大地賦與豐富的色彩，無形中也是希望善加利用這些色彩妝扮自己。就像動物裡頭，不管孔雀、雉雞、蝴蝶，甚至於像鳥類等等，你會發現牠們身上有很多鮮豔的色彩，吸引人家的喜愛。相對的，例如說鱷魚，它本身的顏色是比較屬於咖啡色調，以至於我們一開始會害怕抗拒牠。所以大自然的動物，牠本身的色彩都會讓我們去喜歡，者是抗拒它，相對的，當我們利用到色彩的時候，其實可以藉由穿衣服或者在

彩妝上面，讓別人看到我們第一個印象是喜歡或是抗拒。所以，不要害怕所謂的色彩，任何的色彩，我們都可以盡量去玩弄它，不管在穿衣服或在化妝上，都可以去進行一場美學配色的遊戲。

在平時，我會把自己當作一個最好的審美試煉者，就像是，我喜歡穿不同衣服的風格、喜歡玩不同顏色衣服的搭配遊戲，甚至於，我喜歡用一些不對稱、不搭調的材質或者是配件來妝扮我自己。為什麼呢？因為那對我來說是最好的一個練習。我喜歡觀察路人的穿衣風格，甚至到國外去工作或是旅行時，我也會特別去看他們現在的櫥窗。記得有一年，到紐約去工作的時候，我竟然從五十幾街走到第五街，走五十幾條街，目的就是為了看他們的櫥窗。這中間經過各大百貨公司、韓國街、猶太街、吉卜賽街等等，我去看每一個區域的不同人的穿衣風格。同時，我也去觀察我自己，像我這幾年，我開始喜歡去一些偏遠的地方，像是雲南、香格里拉，或者康定、西藏，或是去了巴黎、新加坡、香港、日本這些地方，我會去看不同的民族性，它的穿衣風俗，甚至於他們的生活形態。甚至於我也會觀察朋友及自己的心情，我今天的心情是什麼樣，該化什麼樣的妝，或者我怎麼樣去配這樣的顏色。曾經有一次有人問我

說，你那天幫我化得好漂亮，你用的是什麼樣的妝，我說我不記得了，他說為什麼，我說因為我不會去記住這些東西，因為那天你的心情跟我的心情都不會跟今天一樣。

這幾年，對化妝品工業來講真的非常非常棒，因為有很多強調自然、有機的、甚至於用到食材的東西，都將它放在化妝品的成份裡頭。它跟以前所謂化學的成品差別很大，當然我覺得這樣子的美妝生活，這樣樂活的生活，其實無形中讓我們在生活中多加了一些品味。以前，工作佔據我大部分的時間，像現在我很怕人家問我說，你最近在做什麼工作，我常常會忽然間回答不出來，為什麼，因為我覺得現在對我來講，化妝工作也就是生活中的一部分。其實，什麼是最重要，最重要的其實是生活，生活的形態最重要。它包含了跟家人的相處、跟朋友的相處，包含了你跟你自己的相處。現在的生活，雖然我常常覺得忙碌，可是我還要有些時間分配給我的朋友、家人，甚至給我自己。除此，我還要去旅行、運動、上畫畫課，還要教學，所以雖然忙碌但是很充實。而且，我不會再把自己侷限在某一個特定工作的區塊裡頭。例如，你只做藝人嗎、你只做什麼什麼嗎，我說其實現在對我來講，我什麼都做，為什麼？我從服裝

秀、從雜誌拍照、從廣告、從婚禮、從演唱會、從唱片封面的拍照、ＭＴＶ的拍照，這些化妝我都做，還有教課、當學生。對我來講，我都很享受這個過程，我也非常喜歡這個過程。因為我覺得我是何等的幸運，我在做一個我非常喜歡的工作，那我也用一個非常正面的一個所謂的快樂的心情去看待我的工作，我希望每天工作都能夠帶給我非常快樂的心情，非常愉悅的心情，同樣的，我也希望被我化妝的人，能夠得到一個非常開心的一天的開始，或者在那個當下，他是非常享受我幫他化妝的過程。所以，我覺得化妝對我來講，不管我是幫自己或幫別人在做造型或是化妝的時候，我都非常享受那樣子的過程，那我也希望把這個享受的情緒，或者再藉由我的手指，或藉由我的技巧能夠轉達給每一個人，就包含當你在看這本書的時候，我都希望這是一種非常非常享受的一件事情。

其實這麼多年來，我發現很多人會把化妝技巧跟方式給複雜化，我一直覺得化妝就像我們每天要吃飯、要呼吸，每天必需要穿衣服一樣，它其實並不複雜，因為化妝本來就是一件非常輕鬆、非常簡單的一件事情。其實真正複雜的，是存在於我們因為生活壓力、工作壓力，所有在跟時間賽跑的東西，都變得複雜化。所以，當你反過來看，最原始、最簡單的，為什麼要化妝？其實它只是一種禮貌。為什麼要化妝？其實它只是一種希望我們自己看起來更亮麗，看起來精神更好。為什麼要化妝？其實它無非只是讓我能夠有一些的不同，讓我們能夠看起來今天、跟明天、跟大前天是不一樣的心情、不一樣的感受。那同樣的呢，我覺得在化妝的過程當中，非常重要的，就是你必須要熟悉你這個人，你有多久沒有去看看你這個人，你有多久沒有好好仔仔細細的看看你當下的心情，你今天的心情是屬於什麼樣的心情，所以我覺得不妨給自己多一個機會去看看自己，去了解一下你自己的五官比例，了解一下你是要去什麼樣的場合，可以自己做一個最好最好的妝扮，尤其化妝它不只是一個禮貌，它還是一個很好的保養，它所帶來的好處也是隱藏在各個層面的。從內在到外表，時間愈長愈是美麗的，藉由我們自己的雙手來達到讓美妝更精緻更美麗。

INDEX 目錄

Tools
acquaint

工具。

一個好的工具，除了幫助我們在化妝時，
達到一個更好的效果，它的使用壽命也會比較長。

　　如何去選擇一個好的工具，這是非常非常重要的。首先，坊間有很多的工具刷，從幾十塊錢到幾千塊錢都有，那該怎麼去分辨出好或不好呢？首先要看它的毛質，有些毛質是合成毛，而有些甚至是比合成毛更糟的一些毛具，它會在化妝時，無形中傷害了我們的皮膚。好的刷具，其實它是用天然的貂毛，或頂級的松鼠毛、馬毛、犬毛、水獺毛，好的毛質的毛，而且是手工打造的，不但觸感非常的好，它也能幫助我們在化妝時，有很好的附著力，也比較不會傷害我們脆弱的皮膚。所以，不要輕忽妳的刷具，以下我們將介紹一些基本的工具，所謂工欲善其事，必先利其器，了解你的工具後，妳會更得心應手。

蜜粉刷

蜜粉最主要是幫助我們定妝。而蜜粉刷最主要有兩種功用，一種是當我們用粉撲按完蜜粉後，整張臉用蜜粉刷再把它刷一遍，可以把多餘的粉刷掉，然後把沒有按到的地方用蜜粉刷去補足它。同時，如果使用的是粉餅，可以使用蜜粉刷沾上粉餅後，直接把它輕輕的刷在我們的臉上，這會比用粉餅裡面的海綿或是用粉撲時候的，量會比較適中，不會一下子太厚。

腮紅刷

在做腮紅刷選擇時，要注意到一件事，從平面看時，它會是一個圓弧狀的，側面來看的時候，它是底下比較扁，而且側面來看也是呈現一個扁弧型狀的。因為我們的臉頰是立體的，我曾看過有些人用的是像開花那種很大的、圓的刷子，通常使用這樣的腮紅刷時，刷在臉頰時，中間那裡的顏色會顯得很深，而旁邊就會沾不到，所以刷上去的腮紅會很不均勻。所以，腮紅刷的選擇要注意的是，不管是從正面或側面來看，都是有個圓弧狀的，它可以符合我們人體骨骼的服貼度。

修飾刷

剛講腮紅刷必須要挑選圓弧狀，但是修飾刷的選擇，當以正面來看的時候，它是有個斜線的。因為修飾刷一般在使用時，都是使用在腮幫子的地方，做臉型修飾用。所以，修飾刷就要符合臉頰的弧度，當刷在腮幫子時，在臉頰兩邊的時候，它會有一個很好的服貼性。

眼影刷

一般來講，眼影刷有分大、中、小。

區分大、中、小刷子的原因，通常是針對畫的部位不同。比如說一般大的筆刷，大的刷子通常是從眼睫毛到眉毛中間大面積的範圍，去做大面積範圍塗抹時使用。而且使用大粉刷時，所使用的顏色會比較淺，因為它可以刷到整個眉骨大面積。再來就是小筆刷，範圍是在靠近睫毛或是眼尾的地方，也就是我們所謂畫眼線的地方，那個地方通常用的顏色會比較深。中筆刷的用途，它是用在靠近我們眼窩的地方，就是在雙眼皮折縫的地方，等於是介於小筆刷跟大筆刷所使用範圍的中間位置。而且，當在畫兩個深色和淺色的時候，它可以是做為中間暈染層次一個很好的使用工具。

遮瑕刷 ━━━━━━━

遮瑕刷跟唇刷有些雷同。有些遮瑕刷是可以拿來當唇刷來使用，因為它的外型都是比較扁的，沾上一些遮瑕膏，用在鼻翼、髮令紋、嘴角、眼袋或是黑眼圈的地方。因為它通常是用在面積小的地方，所以它的筆刷會比較長一些些，方便於手拿。同時，有些遮瑕刷它是做成平的或是做成小小的斜線的，像小T字刷，目的因應我們去修飾每個不同的部位。

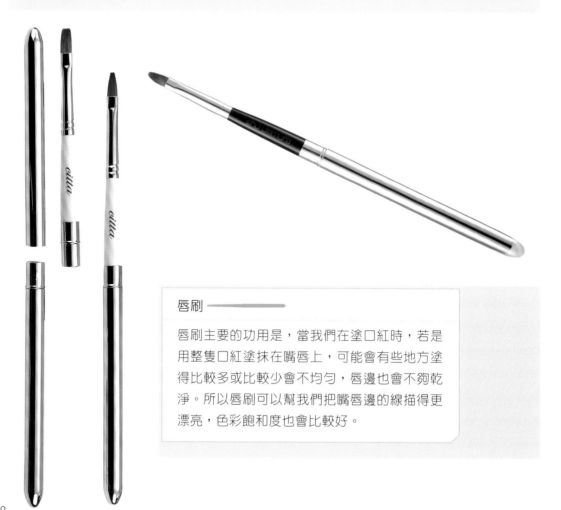

唇刷 ━━━━━━━

唇刷主要的功用是，當我們在塗口紅時，若是用整隻口紅塗抹在嘴唇上，可能會有些地方塗得比較多或比較少會不均勻，唇邊也會不夠乾淨。所以唇刷可以幫我們把嘴唇邊的線描得更漂亮，色彩飽和度也會比較好。

眉刷

在畫眉毛時，有些人喜歡用眉筆，可是眉筆畫上去時，當顏色比較重或是線條感比較重時，可以藉用眉刷輕輕的把它給暈染開來。或是當我們使用眉粉時，可以藉由眉刷去調眉粉的顏色。而有些眉刷長的有點像牙刷，它的用法是，把眉筆先用像牙刷那樣先刷完之後，再去刷我們的眉毛，像有些人眉毛很濃，所以他只要用這種刷具刷一刷之後，眉毛就會比較整齊，目前市面上的眉刷也有分兩三種不同的形狀，視個人習慣、喜好去購買。

睫毛刷

睫毛刷最主要的功用，在眉毛畫太黑時，可以用睫毛刷把它輕輕的刷掉一些，眉毛會比較自然。或者是，它另外還有一個很重要的功用，就是在刷睫毛膏時，如果睫毛膏糾結會一坨一坨的，我們也可以用睫毛刷把它輕輕刷開。或者有一種一邊是眉刷，一邊類似像小梳子的，它也可以用在睫毛糾結在一起時把它刷開。

刷具的建議

有些刷具，它是比較長的，因為長的刷具能夠讓我們在使用上有一個平衡點，可以在拿的時候比較好握。因為短的刷子，力道的使用上，支撐點沒有像長柄刷子那麼好用，所以對於專業人員來講，我會建議準備長的刷具，或者是中長度的刷具來使用。但是對於一般女性，這樣的刷具在出門或出城時，不是那麼方便攜用，這時可以選擇一些小刷具，就是柄比較短的方便放在化妝包裡頭。而眼影刷、腮紅刷、蜜粉刷，建議可以準備大中小各兩支，因為，我們在化妝時，會分冷暖、深淺色系，如果深淺色都用同一支刷子，兩種顏色就會混在一塊。我曾看過很多人，她會同一支刷子，又刷淺色又刷深色，化出來的妝也就會感覺得髒髒的。所以，我們可以依照色系或冷暖色調的不同，分別去使用刷子，可以讓化出來的妝更乾淨。

海綿

海綿可以幫助我們在打粉底時，將粉底均勻地延展開。當初剛開始學化妝時，我是先以海綿練習，當力道拿捏好之後，再去使用其他刷具，會比較上手。在使用上，一定要先將海綿沾水擰乾後再來使用，這樣的目的是減少海綿與皮膚間的磨擦，對我們皮膚會比較好。海綿有分各種不同的形狀及厚薄，視每個人的習慣性去使用。有一些海綿是尖尖的，有一些是圓的，尖尖的是可以使用在鼻翼、嘴角邊的小地方，大的地方是可以使用在我們整張臉。有些時候，有多個面的海綿可以讓我們在打粉底修飾時，一面使用比較深的顏色，一面使用比較淺的顏色，一面又可以將深淺顏色調合，所以多角型海綿的功用就是如此。

粉撲

因為蜜粉是鬆粉，所以我們可以用粉撲沾了蜜粉之後，把蜜粉均勻的融合在我們的粉撲裡頭，之後再去按壓我們整個臉，目的是幫助我們定妝。

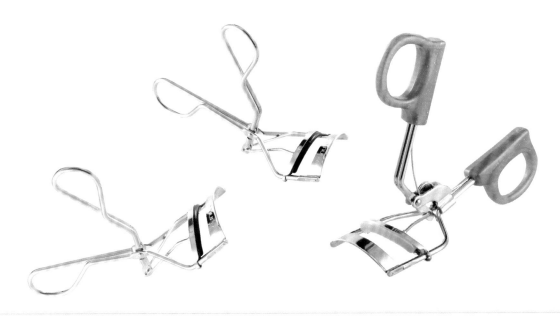

睫毛夾

選擇睫毛夾時，可以挑一個適合自己眼型弧度的睫毛夾。現在有很多睫毛夾，有的是可以防過敏的，是以十八Ｋ金鍍上去的，這種睫毛夾本身的彈性非常好，所以在使用上，它不會造成我們睫毛的負擔。在選擇睫毛夾時，最主要要注意到眼型的弧度是不是很符合，如果挑到一支弧度不適合自己眼型的，就比較容易夾到眼皮。

假睫毛、睫毛膠

假睫毛在這幾年也是非常風行，我們可以分成一小支，就是單珠、單珠的來使用。這種單珠的睫毛有分黑色、咖啡色以及其他不同的顏色，可以針對不同場合的妝扮來使用。也可以使用整副的假睫毛，可以去頭尾修剪出符合自己本身眼睛弧度的睫毛，然後，再塗上睫毛膠，把它黏在靠近睫毛根部的地方，去補足東方人睫毛不夠濃密的狀況。

眉夾

修眉的時候，我們多是用修眉刀，可是有時候使用修眉刀一不小心，有時候反而會割傷皮膚。所以，平時可以使用眉夾，在拔的時候，要記住順著毛流拔，也就是順著眉毛生長的方向，千萬不要反方向，因為反方向就會傷到毛囊。

筆刷的清潔劑

以前學彩妝時，幾乎都是用藥用酒精，再加水去稀釋，現在市面上有一些專門的清潔劑來使用。如果手邊萬一沒有這樣的清潔劑，可以使用洗髮精或者是肥皂來做清洗。

{化妝包裡面的基本配備

化妝包裡該裝些什麼？

1. 粉餅 > 粉餅可以幫助我們隨時補妝。
2. 口紅或唇蜜 > 它可以幫我們在吃完東西時，迅速的補妝。
3. 吸油面紙或是面紙 > 它可以幫我們去除臉上多餘的油質，讓臉看起來比較乾爽。
4. 睫毛夾 > 東方人的睫毛比較硬，捲度很容易就不見，可以隨時讓睫毛維持一定的捲度。
5. 眉筆 > 有些女性朋友眉毛比較少，常常早上出門後，過了一段時間眉毛的顏色就掉了，尤其是夏天，很容易擦拭汗時眉毛就不見了，所以，我會建議眉筆一定要隨身帶著。
6. 棉花棒 > 因為眼線、眼影、睫毛膏，會比較容易暈開。我們可以先用棉花棒，把它輕輕的擦拭乾淨後，再用粉餅去補妝。
7. 護唇膏 > 在冷氣房或是喝的水份不夠，嘴唇會容易乾燥，在塗抹口紅時會比較困難，所以建議要隨身攜帶。
8. 噴霧式化妝水 > 可以隨時隨地補充一些臉上的水份

如果只能挑選三樣，那會是什麼？
如果最後只能選擇一項，那什麼是不可或缺的？

如果我只能帶三樣出門，我想可能就是口紅或唇蜜、粉餅，然後眉筆。若只能選擇一樣，我想那應該就是口紅吧。因為我們總是常常用嘴巴說話，跟人家在溝通，人家一眼看到就是嘴巴，而口紅也是一個能夠立即增加氣色的產品。

beauty
cosmetic

美妝篇。

為什麼要化妝？其實它只是一種禮貌。

為什麼要化妝？它可以保養我們的皮膚，隔絕外界的髒空氣。

為什麼要化妝？其實它可以讓我們自己看起來更亮麗，看起來精神更好。

為什麼要化妝？其實它無非只是讓我能夠有一些的不同，讓我們能夠看起來今天、跟明天、跟大前天是不一樣的心情、不一樣的感受。

那同樣的呢，我覺得在化妝的過程當中，非常重要的是，你必需要熟悉你這個人，你有多久沒有去看看你這個人，你有多久沒有好好仔仔細細的看看你當下的心情。所以，不妨給自己多一個機會去看看自己，去了解一下你自己的五官比例，了解一下你要去什麼樣的場合，可以自己做一個最好最好的妝扮，尤其化妝它不只是一個禮貌，它還是一個很好的保養，它所帶來的好處其實是隱藏在各個層面的。

妝前的 樂活 保養

樂活美妝三步驟：保養→按摩→敷臉

　　妝前簡單的保養，可以讓化妝更完美、持久。

首先，你一定要先挑一瓶好的化妝水。化妝水的成份，最好提煉自植物，是天然的，具有保濕還有平衡皮膚酸鹼值的功用。用輕輕拍打的方式拍整個臉，那麼拍打的方式，可以用三個指頭，就是食指、中指、無名指三個指頭並攏，用指腹及手指頭前面兩節的力量，輕輕的在臉上用拍、彈的這種方式。因為這種方式，最能夠促進臉上的血液循環，像有些人習慣用化妝棉沾化妝水，但是，它遠不如你用手指來拍打的效果更好。

再來是，按摩。我們可以使用精華液的輔助來做個簡單的按摩，因為精華液多是屬於膠狀的，而皮膚對膠狀的吸收非常的好。精華液裡面，它包含許多對皮膚細胞有益的成份及功能，例如增加皮膚的修補功能、保持水份，或者是讓皮膚細胞吸收營養，因為它本身就是一個高單位的濃縮營養品。

　　最後一個步驟是面膜，現在的面膜有許多不同的屬性，就看每個人的需求。濕敷式面膜，貼上去約十分鐘就ＯＫ了，它可以幫助你在上妝前得到很好的滋潤或是保濕效果，對於平撫細紋也是非常好的。

以下我們將介紹一些按摩手法，可以幫助你在平時或是化妝前，得到很好的幫助。不僅是增加好氣色，讓疲勞消除或是增加臉的立體感，按摩後的效果會十分顯著。

按摩手法

　　首先講的是額頭上面的抬頭紋以及眉間的細紋。這兩部分都是我們平時比較不容易注意到的地方。尤其有一種說法，眉間的細紋多半是在睡眠的時候所造成的，有一種說法是，十年所造成的細紋，需要用十年的時間才能夠恢復，所以既然是在睡眠時所造成的細紋，我們每天一早起床如果能把細紋撫平，效果是最好的。所以對於女性來講，白天時所接觸的髒空氣對於肌膚的疲累是比晚上要更加的嚴重，所以其實每天早上起床後，對於臉部的按摩是不可欠缺，這時也是效果最好的時候。

1 step

額頭以及眉間的細紋部分

用指腹由中間向外推擠，做一個
輕壓的按摩，如圖所示幾個要點的地
方，施加重力慢慢，慢慢的按摩如右
方圖面所示，可以把我們堆積在皮膚
底層的一些陳舊的廢物，把它排擠出
來。我們的肌膚因為長期的累積，會
造成一個比較定型化的情況，此按摩
手法能夠放鬆我們肌膚的表面、並同
時能撫平細紋，甚至有一些凹凸不平
的部分，也能夠慢慢、慢慢的恢復成
比較平整的一個狀態。

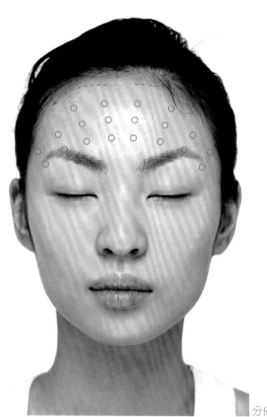

分佈圖

由中間向左右兩邊輕壓，大約3-4次。

1 2

3 4

眼窩，也就是眼的周圍的部分

對於眼窩以及眼睛四周的部分，這個按摩手法最主要是幫助眼睛四周的血液循環。從眼尾開始，最主要把堆積在眼部肌膚下面老舊的髒東西以及一些廢物，能夠同時排除以外，同時也能夠促進眼睛四周的血液循環，以及能夠使眼睛周圍的肌膚非常明亮乾淨，如此一來我們整個眼睛，看起來會顯得比較大。

但是必須要注意到的是，眼睛周圍的皮膚比較薄也比較敏感。所以，首先要注意，當要做這個按摩，必須先放鬆我們的肩膀，然後非常非常relax，很輕鬆的去做按摩，這是一個非常重要的一個重點。因為，施力過大反而會造成反效果的。
依照右方圖面的指示有三個步驟。

從眼睛的周圍開始，用畫圓的方式，在眼睛四周按摩。最後，沿著我們的眉間，繞圈的方式成為一個循環。在手指移動時，把陳舊堆積的汙垢以及老的廢物排出，再加上按摩時可以促進淋巴的循環，去加強眼部的新陳代謝，整個血液循環會更好，使得眼睛四周的肌膚看起來更有生命力，並且當這個動作做完時，還會感覺身體有一點微微的熱。

分佈圖
1 | 2

用中指的指腹，由中間向向外拉開。

順著臉型邊緣往耳朵的方向輕輕滑下，大約3-4次。

肌肉的強化，可以讓唇型變小

　　當我們嘴角的部分，開始會有老化的情況產生，是因為嘴巴是五官中使用最頻繁的一個部分。所以，為了要去強化我們嘴角的肌膚，預防細紋以及嘴角下垂的產生，我們可以使用這樣的一個按摩動作，讓整個嘴角可以開始往上提。同樣的，也是以畫圓的方式來做按摩，當你跟著右方圖示的幾個重點，輕輕的去按壓，去放鬆肌肉，同時也能夠去刺激到這個肌肉組織，使得嘴唇能夠往上揚。當然，做完這個嘴部按摩以後，不僅能活化嘴巴周圍的肌膚細胞，而且整體看起來嘴巴邊的肌膚會更加緊實，整個人也會顯得非常年輕。

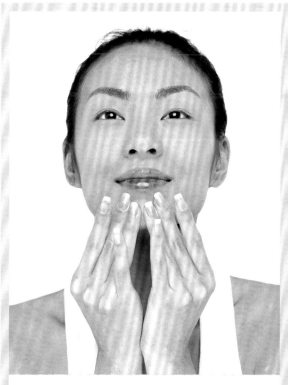

稍用力由下往上。

1
2 3

用中間輕壓(勿太用力)順著齒顎的邊線往上輕壓直至
嘴角。

再往人中的地方輕壓來回按摩嘴邊的肌肉大約3-4次。

臉頰的按摩，
可以預防嘴角下垂

通常臉的部分，分為上半部跟下半部，臉頰下垂的原因，最主要是在這個器官的組織構造上面，臉頰的部分是沒有骨頭的，也就是說，它幾乎是由肌肉跟脂肪來做支撐的。所以隨著地心引力的原因，長期以來就慢慢、慢慢的變得開始有一些鬆弛，或者是往下墜的一個情況產生，尤其是眼尖的部分，以及嘴角的部分，這個都是會有一些連帶反應的。

這是對於整個臉頰緊實、提升的一些按摩的方式，也就是說，用我們的三指頭的一個力量，以臉頰下垂的反方向由下往上去推擠、按摩，然後，慢慢、慢慢會看起來有一點點像害羞的表情時，這時就是一個非常正確的一個效果。也就是說，整個肌膚的肉開始是往上揚的。所以在這個按摩，不但可以防止臉頰往下墜以及鬆弛以外，並可以促進淋巴的活化，使整個臉頰更緊實，有修整臉型的效果，而且會使得臉型看起來變小的一個效果。

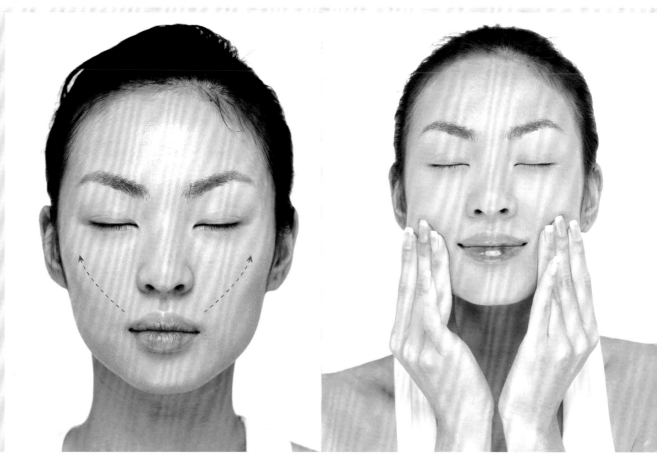

分佈圖

用三指指腹由嘴角往上輕拉再向左右兩邊畫開。

5
step

臉頰細紋的部分

　　在我們鼻子旁邊以及臉頰的部分，大概是在我們抹腮紅的部位，會有一些小的細紋，所以當我們去做這個讓臉頰肌膚往上揚的按摩，會讓整個肌膚放鬆，並且當這樣子來來回回反覆按摩幾次，能夠有一些拉提的效果。當你能夠很正確的去按摩它，徹底執行這樣子的動作時，會讓臉部的肌膚，恢復到原先它應有的正確位置，能減少法令紋的繼續形成。注意，當作這個按摩時不要過度拉扯肌膚，以免造成不必要的細紋產生。

由鼻翼往太陽穴的方向往上輕壓、拉提。

1

2　3

臉部看起來更立體

　　通常我們的肌肉，如果沒有去按摩它的時候，它會因為地心引力慢慢、慢慢、慢慢的鬆弛，甚至它因此會固定在一個位置上，再加上一些脂肪的囤積，使得臉部的血液循環並不是非常的順暢，造成臉的浮腫等等問題。在這個手法，最主要是能夠再次的，在幾個細微的部分去促進整個肌膚的血液循環，甚至能夠把整個臉，尤其是下半部的臉部重新塑型，讓臉部肌膚更加緊實，整個臉會慢慢、慢慢看起來會更小一點。藉由這樣子按摩的方式，不但可以讓我們的肌膚更有彈力，整個肌膚的顏色也會看起來更紅潤更健康，呈現一個非常漂亮自然的膚容色。

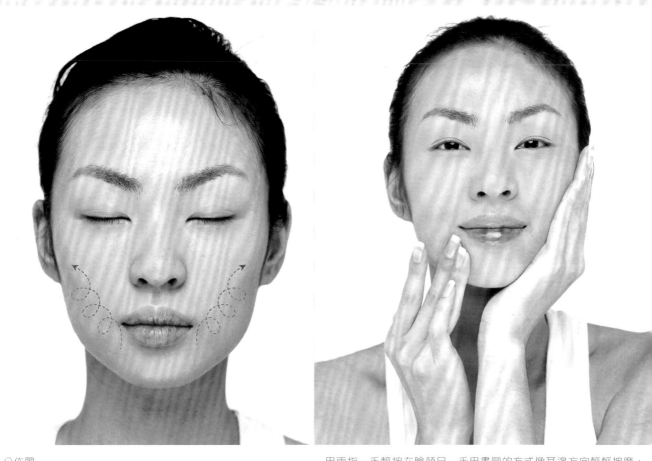

分佈圖

用兩指一手輕按在臉頰另一手用畫圓的方式像耳邊方向輕輕按摩，並左右交替。

7 step

拉提鬆弛的肌膚

　　受到脂肪的囤積以及重力的影響，而且因為隨著年齡的增加新陳代謝變慢，臉的肌肉就會慢慢的、慢慢的往下生長。所以，這個按摩最主要是從臉頰的下後方，下顎的部分一直到耳根的地方，能夠去做一個拉提的效果，不僅是把脂肪球打散，也能夠重新將我們臉部的臉型調塑，調塑成看起來緊實又輪廓分明的臉蛋。而且位於耳朵的下方有一些淋巴的穴點，在這地方去做按摩時，能促進淋巴的循環，臉部的拉提效果會更好，所以，這個按摩最主要有兩個作用，一個是能夠把整個脂肪打散掉，能夠消除脂肪，第二個是促進下巴的血液循環，改善雙下巴。

從下巴往耳後的方向，向上拉提。

消除臉頰骨下方的脂肪

在這個按摩手法，最主要是把這部位所囤積的脂肪打散掉。當把一些多餘的脂肪去除掉後，慢慢、慢慢的我們臉頰的骨頭會很自然的浮現，以至於能夠呈現出很自然的臉型。

在這個部分，是一個比較大一點的按摩方式，以中指和無名指把整個臉頰的肌膚推擠至臉頰骨要再稍微高一點點的地方，然後，反覆來回幾次或是如圖2以食指從鼻子兩側，順著臉頰骨往耳朵方向按摩。持續這個按摩一段時間後，可以去比較看看，當有做這樣的按摩再去化妝，或者是沒有去做這樣子按摩再去化妝時，其實會有非常不同的效果出現。

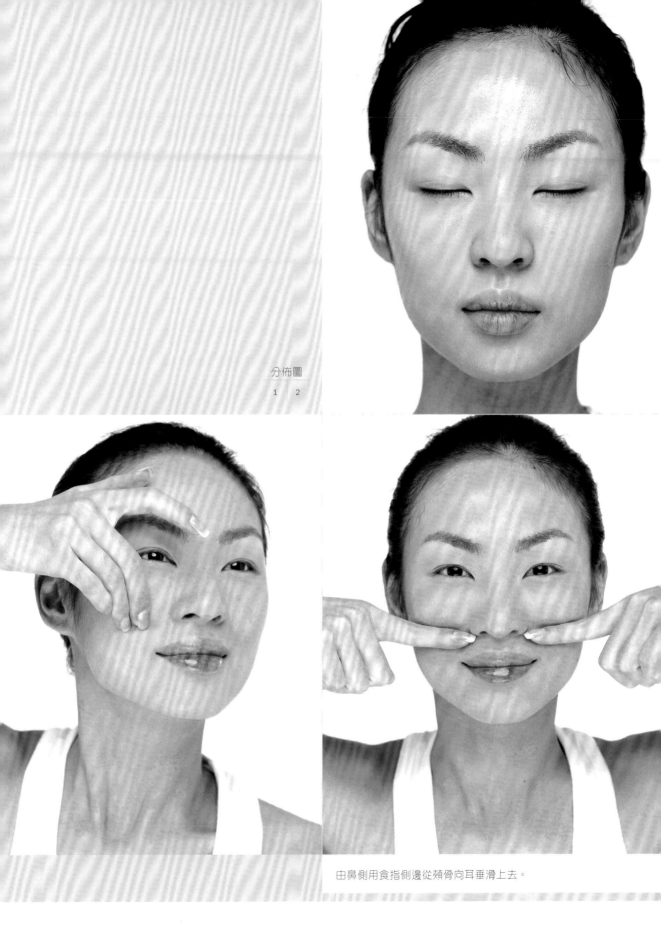

分佈圖

1 | 2

由鼻側用食指側邊從頰骨向耳垂滑上去。

9 step

臉的整個按摩

臉的整個按摩能得到疲勞的紓解，從鼻子的中間開始，以雙手的整個手掌做一個比較大動作的按摩，使老舊的細胞組織，能夠更容易的排除出來。其實肌膚是有一些機能，如果能用我們的指腹先從鼻頭上方開始，一直到鼻樑中間，一直到眉間，輕輕的用指腹按壓慢慢的去按摩。當我們在做按摩時，皮膚可能會呈現有一點點紅的現象，但這是沒關係的，如果能這樣先活化整個肌膚後再上妝，早上外出時看起來是會比較美，也會比較有朝氣。

用手掌從嘴角邊邊向左右兩邊輕壓往上拉提使皮膚得到全面的
舒緩。

用中指和無名指順著鼻樑由下往上兩手交替滑動。

回到最先原點的步驟開始

　　以中指及無名指的指腹，從中間開始慢慢的往兩邊輕壓，左右反覆幾次。然後從額頭開始，眼睛、嘴巴，一直到我們整個鼻樑的這個中線，以及到整個臉，重新再做一次這樣子的按摩，這個是最後的步驟，目的是讓整個肌膚有完全活化的效果，而且是有一個能夠把它重新定位在我們想要的一個部分。

　　在這個階段，可以塗上按摩的乳霜或面霜，然後用一點溫水去做熱敷讓皮膚有所吸收，再用化妝棉把一些殘餘的面霜擦拭掉，最後用化妝棉沾一些化妝水，使肌膚重新有一些水份的補充。當然，因為把整個肌膚的髒東西已經完全去除掉，所以整個臉的肌膚看起來是帶有一些透明感的，而且在這個時候，因為血液循環，所以整個臉的顏色，看起來都是一致的，不會有某些地方看起來很暗沉的狀況產生。

1　2　3　4　　由中間向左右兩邊輕壓，大約3-4次。

針對上班族以及
長期使用電腦的人

用大拇指輕壓眉心的地方，就是眉毛以及鼻樑凹陷處，輕輕的施加壓力，這個動作可以讓我們因為長期皺眉，或是眼睛比較疲倦時，稍微按壓這邊的穴位，能夠幫助我們放鬆眉心。

可用我們食指中間的關節，順著眼窩的地方，輕輕的去按壓我們的眼窩。眼眶四周的地方可輕壓，這個動作可以幫助血液循環變好，因為眼睛周圍其實有很多的血管，同時也有很多的穴位，如果因為長期睡眠不足，或者是黑眼圈，這個動作可以幫助眼睛周圍的血液循環更加順暢。

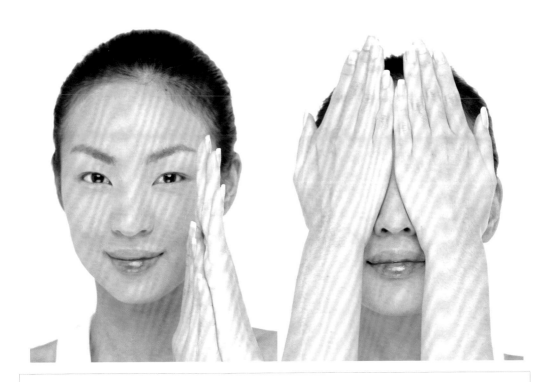

　　將兩手相互摩擦產生熱氣，當摩擦完畢之後，可用我們手掌心，輕輕的覆蓋在眼睛的周圍以及眼睛上。這個動作可以幫助我們讓眼睛的疲勞在很短的時間得到一個很好的舒緩，並可反覆多做幾次，做完之後，當你張開眼睛時，會發現眼睛會變得非常明亮。

　　這個動作是幫助我們放鬆左右兩邊、側邊的肌肉以及脖子上面的筋跟肌肉的舒緩。右手自然的垂放下來，伸出我們的左手，繞過我們的頭頂，放在右邊的位置上。手的位置在右耳上方，太陽穴的旁邊，用我們左手的指腹以及手掌心，整個貼住輕輕的向右邊壓下來，力量不宜過大。然後，壓下來到一個定點後，可自然的放在那個地方，慢慢的吸氣、吐氣，這個時候千萬不要憋氣，然後再左右兩邊交替，這個動作可以幫助我們徹底的放鬆頸肩的肌肉。

將我們兩手的十指緊扣，放在我們後腦袋的地方，輕輕的往前，往我們下巴的方向慢慢的往前壓，注意！這個動作千萬要記住，要呼吸不能夠憋氣，然後再慢慢的抬起頭來，下去的時候吐氣，起來的時候吸氣。這可以幫助頸後的肌肉獲得放鬆。

用我們的四個手指，輕輕的用彈壓的方式，就有如在彈鋼琴一般，在我們的頭頂上輕輕的彈跳。如果因長期壓力或睡眠不足，或者是用腦過多時，這個動作，可以幫助頭頂的血液循環變得比較好，同時也可以幫助我們放鬆。

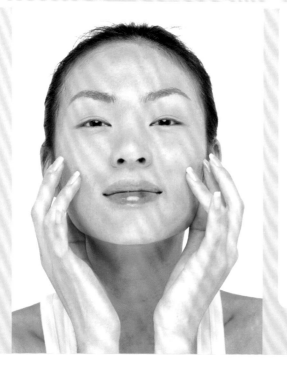

這個動作也是利用十指，在我們的臉頰，位於顴骨腮幫子的旁邊，也就是我們一般刷腮紅的位置，輕輕的彈壓。平時因為常常講話，或者是一些笑容，讓這邊的肌肉比較緊繃，這個動作可以讓我們肌肉放鬆，也可以幫助我們增加臉頰肌膚的彈性。

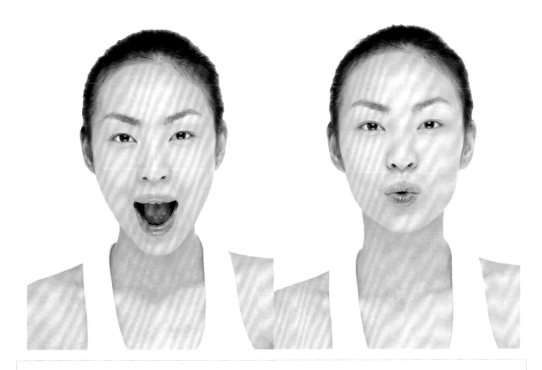

　　我們的嘴巴可以用微笑的方式，或者是用啊—啊——的方式，儘量的張開。然後再以說「嗚」的方式將嘴巴縮小，之後以啊——嗚——的方式反覆練習這個動作。這個動作主要是幫助我們放鬆嘴巴邊的肌肉紋路，讓我們的嘴巴能夠得到很好很好的放鬆，這也是一個很好的嘴巴肌肉訓練。

　　可以用我們的大拇指及食指，輕輕捏壓我們的耳垂，一直到耳朵上軟骨的地方。這個動作可以幫助耳朵的血液循環變好，尤其是天氣冷的時候，或者是我們現在因為講電話的關係，聽力會變差，你可以藉由這個動作，第一可以讓我們的耳朵血液循環變好，第二個可以讓我們聽力變得比較好。

Perfect face-painting

完美基本妝

很多人怕化妝，是因為她覺得化
妝的步驟很麻煩。

很多人怕化妝，是因為她覺得化妝的步驟很麻煩。不但需要準備一堆東西還需要記得許多技巧，更會被琳瑯滿目的流行彩妝資訊弄得暈頭轉向。以下，妳可能針對我所列出來的幾個步驟，也會覺得很麻煩，但是一旦妳學會後，或者說妳了解之後，它就不見得是麻煩，只要將它成為一種習慣，熟了之後不只會越來越上手，更會讓自己越來越美。

化妝步驟第一：選擇適合自己的粉底顏色。

　　為什麼要選擇一個適合自己的粉底顏色？在以前的粉底選擇比較少，像十幾年前，通常都是用粉條，不管妳是新娘妝、電視妝、平常妝，都是用一個粉條，選擇性非常非常的少。但現今化妝品的選擇越來越多，各家廠商總是一直在推出新的粉底，甚至裡面的成分越來越多元，所以，第一先要挑個適合自己粉底的顏色。

　　通常買粉底時，會把粉底試在我們的手背上，這是一個錯誤的選擇方式，因為手的皮膚跟臉的皮膚不會一樣。有些人是屬於臉比較白，身體比較黑；有些人則是臉比較黑，身體比較白，在我化妝十幾年的經驗，都碰過這樣的情形。因此，當妳在選擇粉底時，可以把粉底試在下巴的部位，可是，不是只有點一點點，而是點整個局部，在妳的下巴、嘴角邊的區域、區塊去試粉底。當妳擦完粉底後，去比較這邊的粉底跟脖子上面的顏色會不會很接近。而有些人是脖子很黑，臉很白，為什麼會這樣？因為臉長時間化妝，脖子又因為沒有打粉底，所以卸妝後臉就會變得比較白，脖子也會比較深。所以，粉底的選擇最主要要以脖子為標準，當妳塗在下巴時，就可以很清楚看到這個顏色跟脖子的顏色是不是能夠連接，如果比較後顏色很接近，那就是很適合自己的標準粉底色調。

化妝步驟第二：用深淺不一的粉底修飾、修容。

　　有時候，現代人熬夜或是太過疲累，容易會有眼袋或是黑眼圈的問題。所以，可以在我們眼睛凹的地方，加上一點點淺色的粉底或遮暇膏，讓凹陷變成比較亮，就不會顯得眼睛那麼泡腫。同時，像東方人標準的臉型，兩邊太陽穴會比較窄，還有法令紋的地方，我們都可以稍微打亮，會讓整張臉看起來氣色更好。

　　同樣的，如何讓自己的臉看起來更立體？因為一般東方人都會有腮幫子，我們可以準備一些深色的粉底或修飾粉，不見得一定要用到修飾膏，例如皮膚比較白的女生，可以準備屬於男生的粉底，男生的粉底通常比女生的粉底比較深、比較黑，修飾在臉頰的地方或腮幫處，輕輕的抹上一點點，做出一個深淺的層次。

化妝步驟第三：蜜粉定妝。

　　蜜粉的選擇，用粉餅或蜜粉都可以。據我多年的經驗，發現很多人皮膚是比較乾的，所以她很怕上蜜粉，她覺得蜜粉，會讓整個臉呈現緊繃的狀態，或者會覺得讓皮膚變得更乾。但是，蜜粉到底要不要上？蜜粉絕對要上！因為，蜜粉可以讓妝維持的時間比較

久。而讓一個妝維持得久最重要的一個要點,在打底的工夫,所謂的基本工就很重要。

如何使用蜜粉?妳可以用大粉刷,輕輕的刷上去,也可以藉由粉撲把蜜粉輕壓上去。如果是用粉刷的方式,臉覺得比較乾,上蜜粉時就可以只刷在比較容易出油的 T 字部位上。還有一個地方很重要,就是很多女生在刷睫毛膏時或化眼線時很容易暈開,這通常都是眼睫毛眼瞼處的粉不夠。所以,如果妳本身眼角的細紋很多,可以用支小筆刷,沾一點點的粉去刷在妳睫毛根部,讓那個地方的油質不要分泌太多,妝就可以維持比較久一點。

所以,按照每個人皮膚的狀態去酌量,例如夏天時比較容易出油,妳的蜜粉就可以用粉撲壓整張臉,那如果冬天的話,妳就可以用少量的蜜粉用刷的或用按的都可以。

化妝步驟第四:修整眉型。

為什麼要修整眉型呢?因為東方人本身的五官比較平,而且我們的眉毛多是屬於黑色的,如果想要讓臉型更立體,就要修整出一個適合自己的眉型。

可以用眉刀或眉夾把多餘的眉毛給拔掉,或是用眉刀把它剃除掉,讓我們的眼睛更炯炯有神。在眉骨的地方要乾淨而清晰,眉毛要順,如果眉毛很長,可以適度用一些眉剪把它修剪掉。但是,使用剃刀剃眉要小心,因為有時候下手過重,有些人的皮膚容易敏感。也可以用拔的,但要順著毛流拔,否則會傷害毛囊。

當我們修好眉毛後,可以用眉粉或者是眉筆來補足我們的眉毛。先用眉毛的刷子,把眉毛刷整齊後,看看哪裡顏色比較深,哪裡顏色比較淺,淺的部份可以用眉粉或眉筆來加深它。現在有很多女性染頭髮,不管是挑染或整頭染,都可以用染眉膏把眉毛顏色刷得比較淡,讓眉毛與頭髮顏色會比較接近,視覺上會比較自然。

化妝步驟第五:完美眼妝。

第一:眼影

可以用一個淡淡的、近膚色的眼影塗抹整個眼皮,目的是要讓眼睛看起來有立體的層次感。這個時候,不管妳用的是眼影或是眼蜜,妳在化的時候要記住一點,因為眼睛是圓的,眼睛的眼窩是有弧度的,它不會是有一個角度,所以當我們在拿筆刷,或者是用我們的手去化眼妝時,就不該是直線條。所以當妳順著那弧度後,妳的眼睛自然而然會有一個深邃的立體感。

第二：眼線

　　眼線要化在哪裡呢？眼線要化在靠近我們睫毛根部的地方。妳可以用眼線筆，妳也可以用眼線粉，甚至於可以用眼線液。但是如果以一個化妝步驟來講，我會建議用深色的眼線粉，或是眼線筆來化。眼線最主要功能，是加深眼睛睫毛的密度，讓我們眼睛看起來比較有精神，也更明亮。

第三：睫毛

　　睫毛的部份，用彈性好的睫毛夾，夾好睫毛之後。上睫毛是由下往上刷，下睫毛是由內向外刷，刷完之後，再用一個小刷子，把它給梳開來，讓那些糾結的睫毛刷得很整齊、很乾淨，也根根分明。

化妝步驟第六：腮紅

　　腮紅的目的是修容。如果想看起來比較年輕、甜美，可以刷在笑起來後顴骨突起的兩塊地方，以刷圓的方式：如果想讓臉型看起來比較瘦的話，可以從髮際邊往前面做斜線條的刷法。甚至於妳可以刷在整個下巴的地方，讓妳的臉型變成比較立體，尤其是有雙下巴的人，刷深一點點，反而可以讓我們的臉型變得更立體。

最後的化妝步驟：唇蜜或是口紅

　　先塗上護唇膏滋潤唇部，用唇線筆描邊，先確定唇峰的位置，再定出下唇的中心位置，上下定出正確位置之後即可找出最美的唇型線。口紅化完後，可以按上一些蜜粉使唇彩持久。也可在描完唇線後，用唇蜜或護唇膏將唇線筆的顏色與其融合在一起，有晶亮、水潤的感覺。

　　一個簡單的基本化妝步驟，雖然聽起來很多，但其實只要養成習慣，就會很容易。其實化妝真的不難，記住這些步驟就不難。化妝跟我們吃飯、穿衣服是一樣的，它只是我們生活中的一個部份，是一個簡單的生活態度。以下，我們將介紹單眼皮和雙眼皮女生基本的化妝法：

依每個人的狀況，這樣的一個基本妝，大概會花多久的時間？

答：在初學者會花到三十分鐘或四十分鐘，可是當妳越來越熟練的時候，甚至只需十幾分鐘。為什麼要養成化妝的習慣？我曾經有一個朋友，她不能戴隱形眼鏡，因為她隱形眼鏡戴不上，後來她夾睫毛、上睫毛膏之後，她戴隱形眼鏡戴得非常好又順手，因為她的睫毛不再影響她戴隱形眼鏡，這是她之前所不知道的。而且，當她學會化妝之後，反而發現很多男孩子會主動來幫她的忙，甚至人際關係越來越好，她才發現原來化一個美麗的妝，不但可以增加自己的自信並且可以更有魅力。所以化妝不難，越熟練時間越會縮短。

這樣的基本妝是不是一個裸妝？

答：這樣的基本妝就是裸妝，就是我們講的，百年萬年不變的妝。而且它是一個非常適合在任何場合的基本妝，之後的變化，就是依照妳場合、時間去做一些改變，就會展現不同的妝容。

有時候我們在家化了基本妝完之後，需要攜帶什麼基本工具去補妝？

答：粉餅、吸油面紙、唇膏或唇蜜。這樣就ＯＫ。

question

Single-edged Eyelid Girl

單眼皮的女性

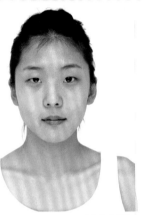
未化妝前的臉

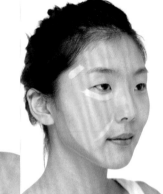
A　B

C

　　這是一張未化妝前的臉，屬於標準的一個東方女性的臉龐。

　　首先，我們先選擇一個接近脖子或者是會暴露在外邊的肌膚為基本的底妝顏色的粉底如圖A，然後，以額頭、兩頰、下巴輕鬆的先點上去之後，再用我們的指腹，均勻的由中向外，由下往上，以鼻樑為中心點向兩旁，均勻的讓粉底延展到整個臉龐。記住！鼻翼、眼角、髮際，耳朵旁或者是接近下巴的地方，都要均勻地塗抹上粉底。

　　因為東方女性大多是國字臉或是臉頰比較圓潤，所以在她的下巴、腮幫子邊塗抹上深色粉底如圖B，以斜線條方式均勻往前塗抹，讓它跟一開始選擇的顏色，能夠成為自然的交界線，不要成為兩塊，要有層次，均勻的延展開。

　　一般東方女性在太陽穴兩邊都會比較狹窄，還有法令紋的地方有的會比較明顯，以及常會有眼袋或黑眼圈的問題，我們可以使用比一開始選的粉底還要淺的粉底顏色加入在上面如圖B，然後再均勻的讓它以層次的方式結合在一塊，成為一個自然的粉底修飾，如圖C是將深淺粉底均勻塗抹後的完成圖。

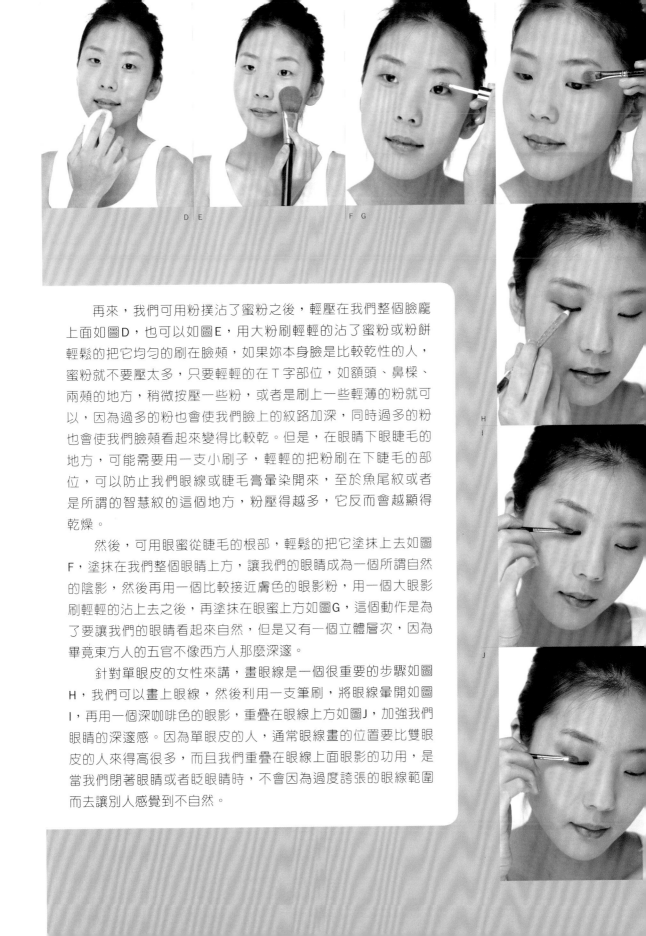

D E F G

H I J

　　再來，我們可用粉撲沾了蜜粉之後，輕壓在我們整個臉龐上面如圖D，也可以如圖E，用大粉刷輕輕的沾了蜜粉或粉餅輕鬆的把它均勻的刷在臉頰，如果妳本身臉是比較乾性的人，蜜粉就不要壓太多，只要輕輕的在Ｔ字部位，如額頭、鼻樑、兩頰的地方，稍微按壓一些粉，或者是刷上一些輕薄的粉就可以，因為過多的粉也會使我們臉上的紋路加深，同時過多的粉也會使我們臉頰看起來變得比較乾。但是，在眼睛下眼睫毛的地方，可能需要用一支小刷子，輕輕的把粉刷在下睫毛的部位，可以防止我們眼線或睫毛膏暈染開來，至於魚尾紋或者是所謂的智慧紋的這個地方，粉壓得越多，它反而會越顯得乾燥。

　　然後，可用眼蜜從睫毛的根部，輕鬆的把它塗抹上去如圖F，塗抹在我們整個眼睛上方，讓我們的眼睛成為一個所謂自然的陰影，然後再用一個比較接近膚色的眼影粉，用一個大眼影刷輕輕的沾上去之後，再塗抹在眼蜜上方如圖G，這個動作是為了要讓我們的眼睛看起來自然，但是又有一個立體層次，因為畢竟東方人的五官不像西方人那麼深邃。

　　針對單眼皮的女性來講，畫眼線是一個很重要的步驟如圖H，我們可以畫上眼線，然後利用一支筆刷，將眼線暈開如圖I，再用一個深咖啡色的眼影，重疊在眼線上方如圖J，加強我們眼睛的深邃感。因為單眼皮的人，通常眼線畫的位置要比雙眼皮的人來得高很多，而且我們重疊在眼線上面眼影的功用，是當我們閉著眼睛或者眨眼睛時，不會因為過度誇張的眼線範圍而去讓別人感覺到不自然。

如果說眉毛很雜亂，我們除了用修眉刀之外，我們也可以用眉夾把多餘的眉毛清除掉如圖K，有一個整齊的眉毛，可以讓眼睛看起來更明亮，整個人的五官也會更立體。所以，清除掉多餘的眉毛之後，可以先用一支刷子，先將我們的眉毛梳整齊如圖L，當梳整齊後，我們就可以很清楚看到眉毛哪裡比較深、哪裡比較濃、哪裡比較淡，淡的地方我們就可以去補足它，如圖M。

眉毛顏色比較深時，可以用時下都很流行的染眉膏如圖N，讓它變得比較淡又自然，同樣的，染眉膏的顏色選擇，可以針對頭髮的顏色，因為現在有很多人都會有染頭髮的習慣，所以妳可以針對頭髮染的顏色，去選擇適合的染眉膏顏色。當我們眉毛化完之後，在我們眉骨，就是眉毛的下方，用一個淺色的顏色，去打亮它，做出一個立體感，就如同圖O一樣，打亮它眉骨的位置之後，相對也會讓眼窩的地方會變得比較深邃。

K

L

M

N

O

　　在眼角以及眼尾的地方，我們也用同一個顏色去打亮它如圖P，因為東方女性通常在眼尾的地方顏色都會比較深，整個人看起來眼型就會比較下垂，看起來會沒有精神，打亮之後，可以讓我們整個人的眼睛上揚，變成是非常有精神的一個女性。之後，我們可以用睫毛夾，把我們的睫毛給夾翹，東方女性的睫毛不易夾翹如圖Q，所以當我們在夾的時候，有些人都會很用力的去夾睫毛，但是在這邊提醒大家，睫毛若過度用力，反而會使它容易斷裂，所以，當我們在使用睫毛夾的時候，我們可以用漸漸加壓的方式，例如可以從睫毛根部再來是睫毛中段，之後是睫毛尾段的地方，分區域加重力量。或者是可以用我們的手指來控制，一用力一放鬆，一用力一放鬆的方式來漸進加壓，讓我們的睫毛變得比較捲翹，所以夾好之後，我們就可以如圖R，先刷上睫毛膏，把上睫毛刷好之後再刷下睫毛。記住，東方女性因為毛髮比較硬，不容易夾翹，所以建議大家將重點放在上睫毛的下方，由下往上刷，由內向外，加強我們睫毛底部的支撐點，睫毛才能夠維持它的捲翹度的時間比較長。

Single-edged Eyelid Girl

單眼皮的女性

S   T   U

　　當睫毛刷完之後，有些過於濃密的睫毛，會看起來不自然，所以以一個自然妝感來講，我們可以用一個小梳子輕輕的把我們的睫毛刷得根根分明如圖S，顯得有精神，之後，我們再用腮紅刷，沾染了腮紅之後，輕輕的塗抹在我們的臉頰，笑起來有兩塊小肉肉的那個地方如圖T。如果要看起來比較年輕，可以呈半圓型的方式來畫，以東方女性來講，之前我有提過，臉頰比較寬的人，我們可以斜線條的方式，就是從髮際邊、鬢角邊的地方，向前刷，以斜線的方式來刷如圖U，這樣可以讓我們臉型看起來比較瘦，甚至於剛剛在我們之前的A圖，我們有在腮幫子的地方，做了深色粉底的修飾，同樣的，在U這個圖，是呼應到前面那個圖，我們一樣可以在那個地方用粉質的腮紅再做一個修飾，記住！是從邊邊的地方，邊邊顏色較深，往前要漸淡，這樣子才不會轉到側面的時候，有一個很大片的修飾，會讓人看得不舒服。

V　W
X　Y

　　之後針對東方人，單眼皮的女性，通常我們的眼睛都不是特別顯得大的情況下來講，我建議下眼線的地方，我們不要去畫上它，不要把眼睛成為一個框框框起來，反而在下眼睫毛的地方，我們可以用一個淺色的粉餅，或者是淺色的粉，稍微的打亮那個地方如圖V，可以讓我們整個眼睛看起來變得有精神。

　　之後，我們可以使用自然的唇蜜去塗抹在我們的嘴唇上如圖W，所以X、Y這兩張圖就是我們的完成圖，就是一個東方女性單眼皮的女生怎麼樣去畫出一個有精神的妝感，使我們的單眼皮看起來不會過於泡腫，也不會過於下垂，是一個很自然又明亮的妝感。

　　這是一位雙眼皮的女性的基本化妝方式，首先，我們選擇一個適當的顏色塗抹在我們整個臉上，如圖A跟B這兩張圖是一邊打了粉底一邊沒有打粉底的對照圖，為什麼要有這張圖，是因為讓大家很清楚的看到，如果妳選擇一個適合自己的粉底顏色，它不但能夠給我們一個非常好的氣色，有一些像眼袋、小雀斑之類的，小痘疤，都可以修飾掉，同時，當我們打好一個漂亮的粉底，相對的，整張臉的肌肉紋路是往上揚的，會顯得有精神，而且非常乾淨的臉龐，這兩張圖是非常好的一個比較。

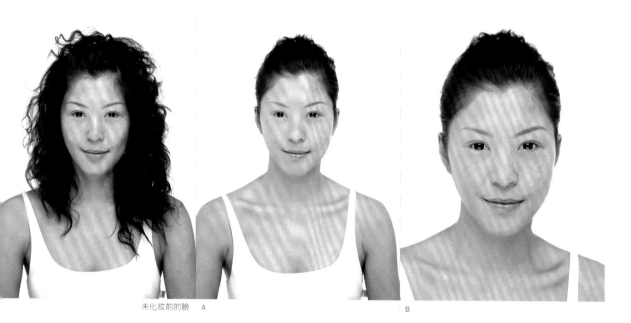

未化妝前的臉　A　　　　　　　　　　　　　　　B

C D

E F

　　如圖C就是由下往上打粉底的方式，打粉底切記由下往上，千萬不要由上往下，因為我們要做的是一個反地心引力的做法，同時，當我們這樣子打粉底之後，我們的臉頰、肌肉不自覺的也會變得有拉提的作用，如圖D就是整張臉的完成圖，完成之後非常具有光澤感，又能夠很清透看到皮膚質感的一張漂亮素顏。

　　因為是雙眼皮的女性，所以，我們可以用手指當作我們的工具刷如圖E，或者是用筆刷，用一個自然的膚色，或者是帶稍微有一點點金屬光澤度的眼影，塗抹在我們整個眼睛如圖F，從眼睫毛到眉毛的方向，大面積的塗抹。

Double-fold
雙眼皮的女性
Eyelid Girl

接下來，我們可以用深色的眼影粉，往睫毛的根部畫上去如圖G，由前到後，或由後到前，加強眼睫根部的顏色，同時，雙眼皮的女生，我們也可以在下睫毛加上一些淡淡的深色，如圖H，讓整個眼睛看起來有精神，同時又不會有過多的色彩或者是過多的線條感。我們一樣用眉夾將多餘的眉毛清除掉，如圖I。

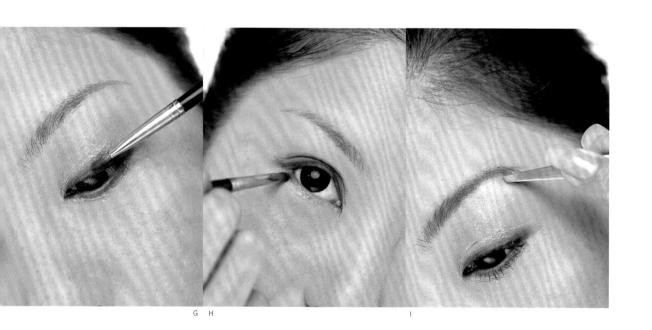

G H   I

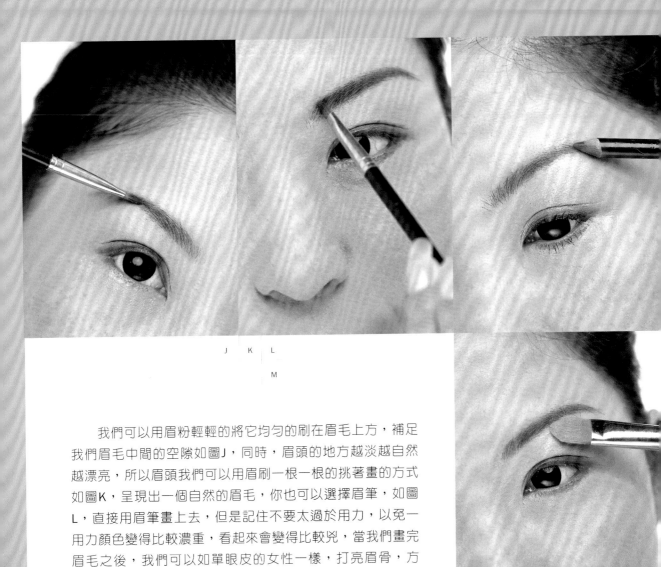

J K L

M

　　我們可以用眉粉輕輕的將它均勻的刷在眉毛上方，補足我們眉毛中間的空隙如圖J，同時，眉頭的地方越淡越自然越漂亮，所以眉頭我們可以用眉刷一根一根的挑著畫的方式如圖K，呈現出一個自然的眉毛，你也可以選擇眉筆，如圖L，直接用眉筆畫上去，但是記住不要太過於用力，以免一用力顏色變得比較濃重，看起來會變得比較兇，當我們畫完眉毛之後，我們可以如單眼皮的女性一樣，打亮眉骨，方向如圖M，讓眉骨變得立體，整個眼睛看起來也就會更有精神，更有深邃感。

Double-fold Eyelid Girl

雙眼皮的女性

接著，我們一樣先用睫毛夾，將睫毛夾翹如圖N，夾上睫毛後再刷上睫毛膏，如同前面單眼皮的女生一樣，上睫毛是由下往上的方式刷，如圖O，下睫毛是由內向外一根一根的刷如圖P，刷出根根分明的睫毛，讓我們擁有乾淨又黑白分明的眼睛。

N　　　　　　　　　O　　　　　　　　　P

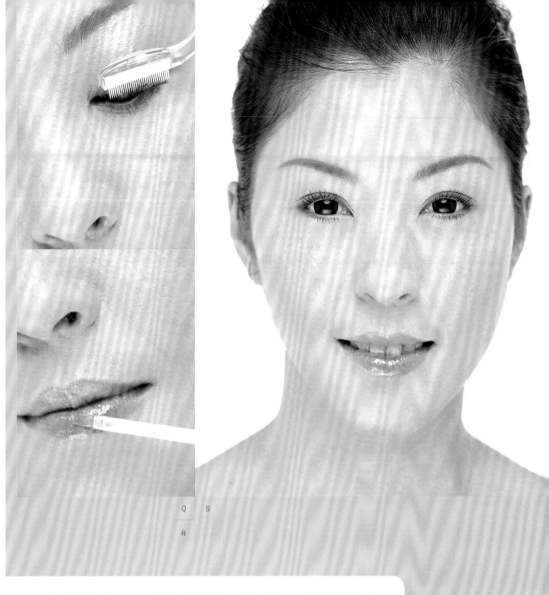

Q S

R

　　刷完之後，如同單眼皮的女生一樣，用刷子將糾結的睫毛一根一根的刷開來，如圖Q。之後，如果本身嘴唇唇色比較紅潤，可以選擇一個近膚色的唇蜜，如圖R輕輕的刷上整個嘴唇。

　　最後，如圖S就是一個標準雙眼皮的女生完妝圖，對照之前未化妝前的圖，是不是顯的精神奕奕，明亮又動人呢？這樣的妝容，當我們換上運動服之後，就可以直接去運動，當我們穿上制服，就可以直接去上學，因為這樣的妝感，它不會讓我們有濃妝的感覺，同時，它也會讓我們變得更有活力。

play
cosmetics

玩妝。

我們常常會說，什麼樣的場合，
就應該要化什麼樣的妝，

在工作上，這麼多年來，我遇到最多的問題是：你覺得我適合化什麼妝？你覺得我應該化什麼妝？碰到這樣的問題，我常常會處於不知道該如何回答，不曉得怎樣回答才是正確的。因為，不管化怎樣的妝，其實都沒有百分之百的絕對。例如眼影的比例多少，它沒有一個特定的公式，它會因為人不同，它會因為每個眼睛大小不同，因為五官的不同，或是場合的不同而去做一些調整。

所以，在這個單元裡，我們會以兩個不同類型的人，由她們去演繹四個甚至到七個不同的造型跟妝扮。其中的一位女孩子，因為她本身是位舞者，所以她全身散發出的氣息是一種健康美。若是她要去上學，以她天生的條件來講，我覺得她要走一個比較清透型的，給人家感覺比較舒服。另一個女孩，她本身的感覺很有氣質，上學的時候就可以以簡潔的妝感去表現，那樣子就會很美也會很適合那樣的場合。

以下，我們以運動、上學、面試、上班、逛街、約會、婚宴、派對以及身體彩繪，以不同產品、顏色、手法去表現出不同的妝感，讓你在不同場合時抓住重點，呈現完美的妝容。

運動妝。

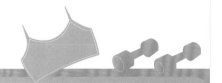

現代人越來越重視運動，例如有人平時習慣去健身房，或是上一些瑜珈課、跳有氧運動，但是有些人除了固定上健身房或者上瑜珈課之外，平時也喜歡讓自己看起來很陽光，充滿了運動感。

所以，如果妳想讓自己看起來充滿陽光、活力，建議妳在粉底的選擇上，儘量帶有一點點金色的金屬光澤感，因為金屬光澤感，它能讓我們的皮膚看起來像曬過陽光後的健康感覺。

在腮紅的使用方式，我的建議是，可以使用膏狀的腮紅。為什麼要用膏狀的腮紅？因為一般來講，膏狀的腮紅不像粉質的腮紅看起來比較乾，它是屬於偏光澤一點的，可以強調皮膚的透明度。在眼影的使用上面，可以使用一些帶金屬的眼影，例如說帶金色調的眼影，可能是膏狀的，也可能是粉質的，然後大面積的塗抹在整個眼皮，約睫毛到眉毛中間的位置，然後再用金棕色的顏色，加在靠近睫毛的根部。

一般來講，去運動的人，不會是化一個濃妝，所以它不會有一個很厚重的妝感。所以不用刻意去強調眼線這些小地方，可以用比金棕色或是再深一點的色彩，畫在睫毛的地方，加強眼睛的深度、注重眼神。在眉毛，我們可以使用眉粉，淡淡的刷在眉毛處；然後腮紅呢，當妳用完膏狀腮紅，這個妝感是一般人打完粉底後，以膏狀腮紅，之後再上蜜粉，或者再刷點粉上去，那個粉的量不要太多。之後，在兩頰骨的地方(就是原本上腮紅膏的地方)，輕輕的刷上一點點的腮紅，所謂的腮紅，因為之前已做了一個打底的動作，這時可以用一些些帶光澤的腮紅來刷，以增加透明度。

※金色眼影的部分，是不是每個膚色都適合？

一般來說，每個人都希望自己看起來是健康的。為什麼要選擇帶一點金色的光澤在裡頭，因為日照所透射出來的光是帶金色光澤，所以看起來會有陽光的感覺。相對的，夜晚月亮所透出來的光是帶一點點的藍光，而藍光比較偏銀色，會有神秘感。所以，無論皮膚比較深或比較白的人，基本上用金色是OK的。

※運動時容易脫妝，該如何補妝？

補妝的時候，不要去使用大量的粉，可以用面紙或者吸油面紙把出餘的油質給吸掉之後，再酌量用粉刷在掉妝的鼻骨、鼻樑、額頭的地方刷一點淡淡的粉。口紅的部分，建議用一個自然的顏色，如果本身唇色非常紅潤，甚至可以只使用護唇膏，或者是一些些很淺色的唇蜜。

學生。

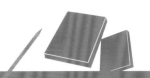

　　身為學生，必須有一個不要過度渲染自己的曝妝感。現在有很多的美眉，睫毛會刷得很濃，眼影會化煙燻妝，或許她們走的是比較像日系的，所謂的109辣妹，但對於做彩妝造型的人來講，我們會建議年輕的美眉，在這個年齡層，如果說皮膚有些痘子或有些雀斑，可以適度的去把它給遮蓋掉。可是，如果妳有雙很漂亮的眼睛，以及一個很漂亮的嘴唇，我不建議用過度的濃妝去掩蓋妳本身的青春氣息。因為，年輕一輩子就只有一次，若過度過早把本身的純淨眼神遮蓋，或者是使用過多色彩的彩妝，那是一件非常可惜的事情。

　　所以，以這位運動型的女孩子為例。我的建議是，她在上學的時候，還是可以帶著一點點的清純，帶一點點清新。在眼影使用上，可以用一些帶一點點自然膚色調的眼影粉，去讓她的眼神跳出來。因為東方人的五官比較平，不像西方人比較深邃，所以它可以讓眼睛帶有一些些的深邃感。在腮紅的選擇上，我們也可以用一些些帶一點點的橘色調，為什麼？因為我覺得她要呈現出來的學生樣貌是清純的，是無邪的，是一個拿著書走在校園裡頭，有氣質的鄰家女孩。

　　另外一個，在學生的妝容上，整個呈現出來的是：腮紅是帶一點點膚金色的珠光腮紅，在眼影的選擇上是帶有點膚金色的眼影，它所呈現出來的，是自然的像蘋果一般的氣色，而不是一個過度粉刷出來的氣色。我覺得這個是很不一樣，像我以往看到的學生，她們往往都有一個迷思，會把腮紅刷得很紅很紅，一定要下手下得很重，我倒覺得，身為學生，可以用淡淡的粉紅色的腮紅增加學生所謂的青春氣色，而不是很強烈的。讓整體呈現的氣息是，雖然是化了妝，但整個皮膚看起來還是很清透，不是過度的用色彩去遮蓋住整個人本身該有的學生氣質。

※學生很容易長痘子，可以用粉底把它遮蓋掉嗎？會不會惡化呢？現在有很多貼痘疤的貼片，可以使用嗎？

痘子的形成，一定是有很多原因，例如睡眠不足、油脂分泌旺盛、正值青春期或在生理期時，且大多會發生在油性皮膚。針對這個部分，現在的化妝品是一個非常好的保護，當妳長痘子的時候，尤其是對長膿包的痘子，如果妳不化妝，其實它反而會讓那些空氣中的灰塵直接附著在毛囊上，所以只要回到家卸妝卸得乾淨，清潔消炎，它是不會惡化的。膿頭很大時，可以貼一些痘痘貼片，或是剪一點點小小的人工皮，或是３Ｍ的透氣膠帶，膚色的，可以剪一小塊在妳的痘子上面，再打上粉底，其實在視覺上來講，都還算是滿好的。

面試。

　　剛從學校畢業的新鮮人，去面試時，妝扮要有誠懇的感覺。因為，如果把妝的色彩化得過多，如果我是當天面試的主管，可能會被嚇到。所以，建議去面試的女孩，第一眼要給人家一個很好的氣色。在眉毛上，修整出一個漂亮的眉型，然後淡淡的刷過；眼睛部分，在顏色的選擇上，可以用咖啡色帶一點點膚金色的眼影，化上整個眼睛，然後，加一點點的眼線在眼睫毛的根部，讓眼睛變得有神。在腮紅的使用上，可以刷上帶點粉橘色的腮紅，讓整個氣色看起來很紅潤，整體上會看來很有精神。在嘴唇上，可以用唇蜜或者是唇膏，使用的顏色儘量帶一點點粉紅色，看起來會非常的活力十足。

　　其實，要去面試的女孩子，為什麼不建議濃妝呢？因為，過度的濃妝，會讓人對妳這個人打了一些問號，心裡會想：妳是打扮得花枝招展來這邊工作，還是整天只注重打扮，會讓人忽略了妳的專業度。無論在哪個場合，第一印象是很重要的，簡單、合宜、誠懇的妝容，會讓你在面試時，加分許多。

　　在服裝的選擇，剛走出學校的新鮮人，當妳去面試的時候，不可能去穿高級套裝，或者很華麗的套裝，但就專業來講，我覺得簡單、俐落的妝扮是最重要。服裝的色調，要看應徵的工作性質而定，例如公司的秘書或是銀行的行員，可以選簡單的白色，或者是粉色調的衣服。但是，如果是廣告公司，因它本身是屬於創意產業，我倒覺得可以呈現自己的風格，也許在顏色上就可以大膽些，這中間的差別就完全不一樣，因此得事先了解公司的屬性，然後再做一些服裝上的挑選。挑選完後，在化妝上搭配以自然的裸妝，有精神的妝感，這時當妳去面試時第一個給對方的印象，大概就會有百分之九十的好感度，再加上本身所學的一個專業度，相信呈現出的是一個非常佳的整體印象。

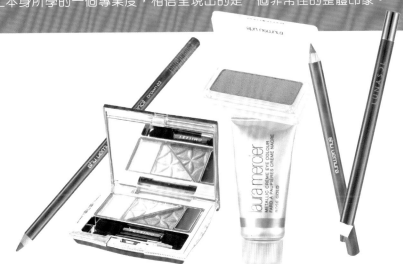

高階主管。

身為公司的高階主管，是一個公司的決策者，這時專業、自信是非常非常重要的。建議妳化的妝感，在眼睛的部份必需要強調眼神。在眼睛，我們必需要能夠震懾人心，讓妳說出來的話，透過妳的眼神、透過妳的臉容，它能夠去說服別人。

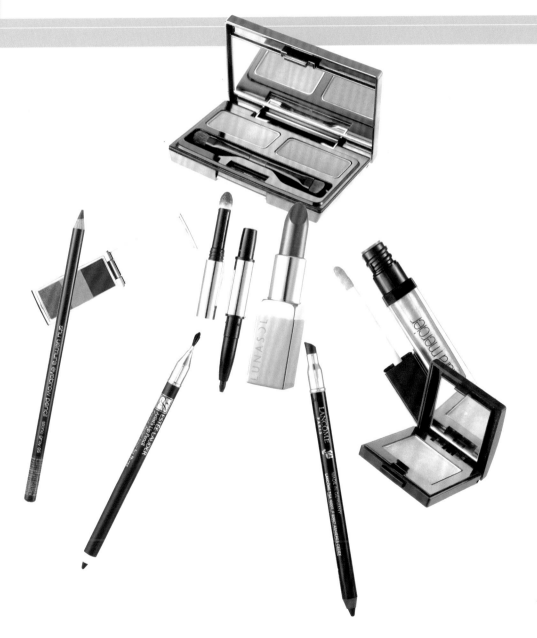

所以在眼睛部分，所用的顏色比較偏棕色調，這時候看不到過多的粉色調，因為粉色調一般來講，它是比較浪漫的色調。當妳成為公司的主管，在色調上，我們要用一個屬於古銅金的色調，或者是比較深一點的色調，是穩定性比較高的色調。甚至於會感覺這眼神是可以電到人，或者是可以說服人的眼神，所以相對的，眼線就會非常非常的需要，我們甚至可以加上一些多層次的化妝方式，例如說我們先大面積的化法，然後去塗抹整個眼皮之後，我們就可用三段式的化法，就是第一個大面積，我們可以用淺色調，再來是一個中間色調，再來是一個更深的顏色，是可以讓我們的眼睛炯炯有神。

　　同時，刷睫毛時，妳可以把妳的睫毛刷得根根分明，不要糾結在一起，根根分明會帶給人的感覺是，做事是非常清楚有條理、非常俐落如果本身睫毛不多的人可以，再補上一些假睫毛，有增加眼神的效果。

　　同樣的，腮紅不要過度的去強調，而是像本身皮膚透露出來的紅潤。然後，我們可以塗抹上一些棕色、咖啡色調，比較偏咖啡豆沙色調的口紅，這可以讓我們的嘴唇，當我們在說話的時候，能夠去說服別人，這個時候的嘴唇要有光澤，但是不要太過於油亮，有光澤跟有油亮的感覺其實是不一樣的，有光澤是讓這個人看起來是非常的健康，可是油亮的嘴唇，是比較適合在別的場合。

　　在髮型上面來講，不管是放下來，或是梳起來，都以一個乾淨俐落的髮型為主，簡單的髮髻，或綁個像公主頭的頭髮都很適合。在服裝上面來講，以高級的套裝或者是說襯衫搭配著絲巾，或者簡單的配件、項鍊、胸針，都非常適宜。

※白天下班後，面對晚上的應酬派對該如何有所變化？

高階主管偶爾需要參加一些派對應酬，這時可以在口紅上變化，加上一些帶點紅色調的，或者是帶橘粉色調的口紅，會變得比較柔性。可以暫時放掉白天精明俐落的感覺，在晚上多一些柔性的妝扮或者是色調。例如眼影的部分，可以加一些紫色，或者是選擇帶有點亮粉的商品，就可以參加派對了。妳可以參考我們之後派對的裝扮，選些可以搭配的產品。

step

1	2	3
4	5	6
7	8	9

輕鬆逛街。

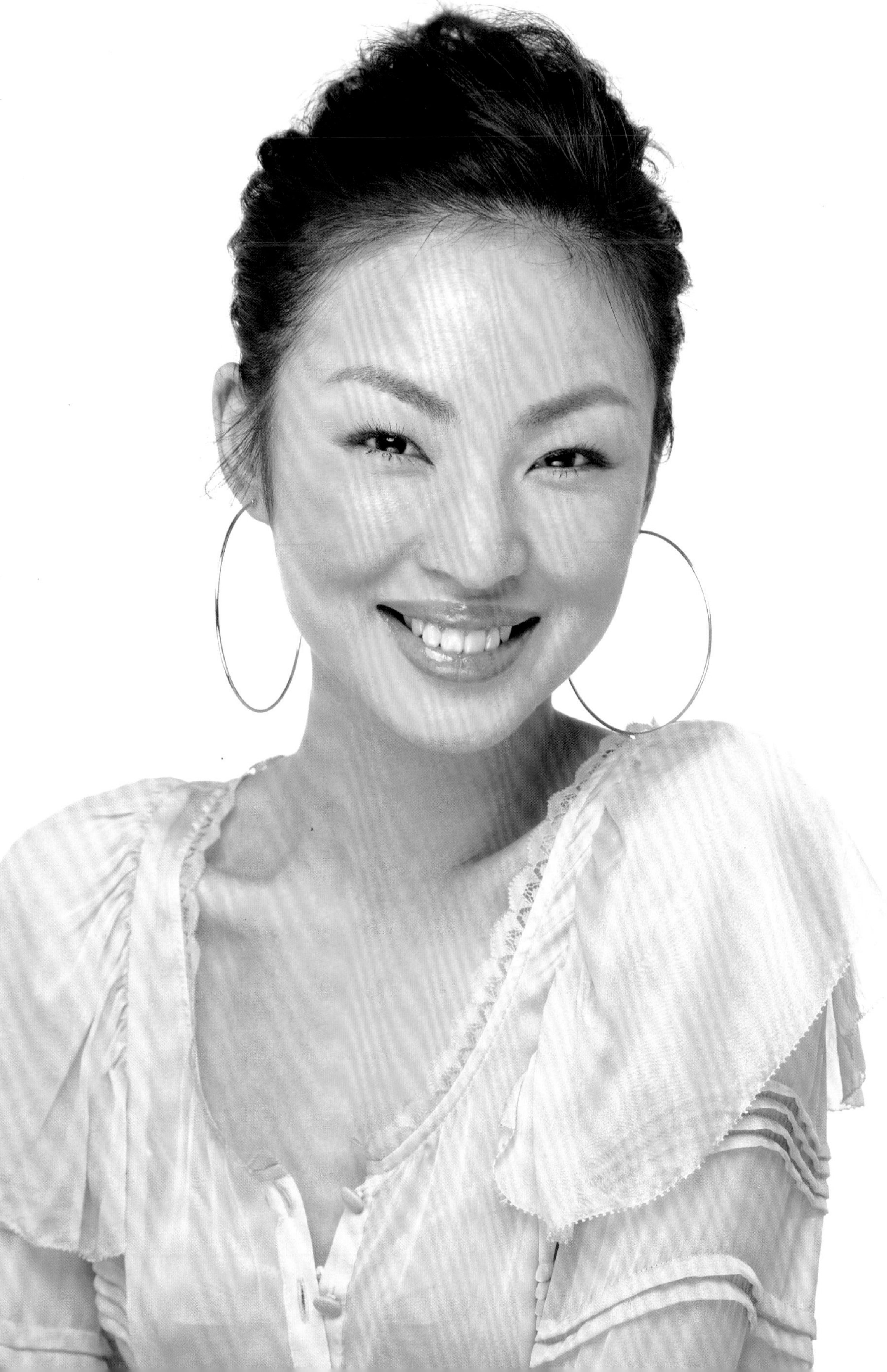

逛街的時候，通常有些人會認為，可以不用施以脂粉，讓皮膚呼吸自然就好。其實，如果妳平常逛街、從事休閒活動或者只是跟朋友去喝個下午茶，還是可以稍微化一點妝，除了皮膚可以隔絕髒空氣，還會讓整個人看起來有精神。

逛街時，在色彩的選擇上，可以用一點淡淡的粉色調，在我們的眼睛上做一個打底動作，打整個眼睛的部分。然後，再以粉棕色加藕紫色做一小範圍的暈染，為什麼要這樣做？就是希望回歸到生活時，不需要再擁有上班時的強勢，可以比較輕鬆一點。這時，可以把眼線拿掉，讓眼神變得多一點點的柔和，甚至我們可以用一點眼影粉代替我們的眼線，讓我們的眼睛看起來柔和有精神，但是這個精神又不至於給人家有過度的距離感，甚至於是平易近人的。這時候，不要給自己太多的粉，儘量強調本身皮膚的質感，在粉底的選擇可以帶一點點光澤感，讓皮膚是非常清透的。

一個很好的氣色，精神十足的神采，走在路上時，當妳凝眸注視每樣東西時，相信路人也會對你行注目禮，為什麼呢，因為妳所呈現出來的，就是一個非常有自信的一個時尚的都會女子。

※有一些皮膚很黑的人，粉紅色調適合她嗎？

對於皮膚黑的人來講，建議用一個粉紅色跟一個帶橘色的腮紅，兩個mix一起刷腮紅，為什麼？因為通常膚色黑的人，有些人刷粉紅色上去，會讓我們膚色看起來髒髒的，濁濁的，看起來不夠清透，這時可以把兩種顏色加在一起，讓妳的氣色，在某些角度上來看帶點粉紅色，可是在某些角度上看，它又是帶橘色非常健康的，但在健康中又不失粉色調。

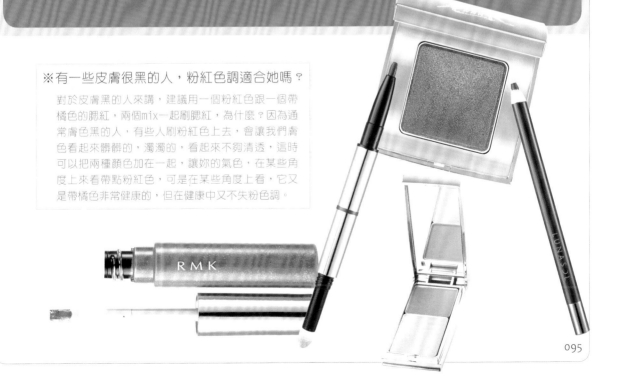

甜蜜約會。

約會，是每個女孩子最喜歡做的一件事情，尤其是女為悅已者容，我們常明顯可以看出那些正在戀愛中的人，而且就算她不說，也可以從她的眼神、皮膚所呈現出來的感覺，看得出來她正沉浸在愛河。

　　所以說，當初次約會時，要怎麼去吸引她的注意呢？在顏色的選擇上，儘量選擇帶柔和色調的，用一些紫色調或粉紅色調眼影。眼線的部份，會建議用一些除了黑色以外其他顏色的眼線，可以搭配約會時的穿著，例如粉紅甜美的服裝，有著像糖果一樣的顏色，在眼線的選擇上就可以用一些帶一點點紫色、深紫色的，或是帶一點點藍色、綠色的或是桃紅色的眼影，它都是成立的，為什麼？因為當妳在約會的時候，不要讓妳的眼神是一個很凶狠的，很硬的眼神，所以我們就可以把黑色、深色、咖啡色的眼線收起來，儘量是使用柔美的色彩。

　　腮紅的部份，我們可以用粉紅色的腮紅，就是一個淺粉紅色或加一個深粉紅色，兩個mix在一塊。唇膏的使用，如果妳是白天約會，唇膏口紅的顏色可以選擇自然一點的色調，可是當如果是晚上，可以使用帶一些珠光的唇蜜，讓妳的嘴唇看起來是紅潤又性感，或者是有一點點小小的誘人。甚至不用去描唇邊，似有若無的反而會比較吸引人，尤其是初次約會時，不要一眼就讓男性看透妳，而是帶一點點的矇矓，我覺得會是最美的。睫毛膏的部分，可以換掉一些黑色，或是用一些深咖啡或深藍色或帶一點點紫色，可以增加一點神秘感。

幸福新娘。

我曾經嘗試在婚禮時，把新娘子的造型做得很誇張，就像在做服裝秀一樣。在這一款婚宴的彩妝上，我把做秀的元素加入裡頭，我會建議除了讓新娘子看起來嬌羞、甜美，是一個惹人疼愛的新娘，但是或許也可以讓她去嘗試一些新的東西，新的化妝方式。

這一款新娘彩妝，在假睫毛上面，我換了一副有顏色的假睫毛。一般來講，通常我們所使用的都是黑色睫毛，不管是戴一整副假睫毛，或是一根根連接的，可是這一次妝扮上來講，我使用了一些有顏色的睫毛，例如說它有粉紅色、橘色、桃紅色，但是卻不影響新娘的甜美。我想傳達一個很重要的訊息是，新娘不是只有一種妝扮，新娘妝也不是只有一種公式，化妝不應該只套用一種公式，例如新娘子就一定要戴一整副的假睫毛，或者是要黏黑色的睫毛，我覺得倒不見得。

在眼影上，以粉紅色打底，同時加入一些咖啡色跟橘紅色的顏色在靠近我們眼睛、眼窩的地方，目的是為了加深我們的眼神。而且，我們使用的都是屬於亮色的眼影粉，希望所呈現出來的是非常有光澤的一個新娘子：尤其在假睫毛的部分，我們用了一個紅色、橘色、桃紅色三個顏色去交錯鋪陳在我們的睫毛上，當然，在我們原本的睫毛上我們刷了一個黑色的睫毛膏，目的是增加我們眼睛的眼神度，當黏上假睫毛後，這種顏色睫毛的色調，就不會覺得它很突兀，也不會讓眼睛看起來很空洞，它還是保留了黑色的部分，讓我們眼睛有神，而它只是多加了一些些小技巧。同樣的，其實有顏色的睫毛膏越來越多，也許不要用假睫毛，妳也可以用不同的睫毛膏，以交錯的方式刷在原有的黑色睫毛膏上頭。甚至於當婚禮在換晚禮服時，可以再刷上一些帶有亮粉的睫毛膏，增加晚宴、派對時不同的妝感。

※拜別父母時，如何防止落淚時妝不會糊掉？

在睫毛膏的選擇上，最好選擇有防水性的，同時，我會建議早上在拜別父母的時候，就是早上迎娶的時候，下睫毛膏先不要刷，因為可能一落淚時，當想要擦掉眼淚時，整個眼妝就髒掉了。當落淚時，妳可以用張面紙，先摺一個小小的拿在手上，流淚時可以輕輕的壓在下眼瞼的地方，而且眼睛要張開，千萬不要眼睛閉起來去壓，因為這樣會沾染到上睫毛膏，也會把眼妝弄花。

※禮服露出來的地方，需要上粉底嗎？

建議新娘子的粉底不要打得太厚，打得太厚反而會讓臉看起來好像戴了一個面具。新娘子穿禮服的時候，會露出來的地方比較多，但我會建議新娘子不要打水粉，因為當我們打水粉後，整個身體上的膚色，看起來就像上了一層霧一樣，沒有任何的光澤。

在身上，可以用一些帶有珠光的身體的保養品，擦上去之後，皮膚會非常的有光澤，同時它也可以讓妳的膚質看起來非常健康。如果背部有很多痘子，可以把身體乳加一些粉底液調和在一起再擦上去，呈現出來的效果會非常的自然有光澤。

step

1	2	3
4	5	6
7	8	

熱鬧派對。

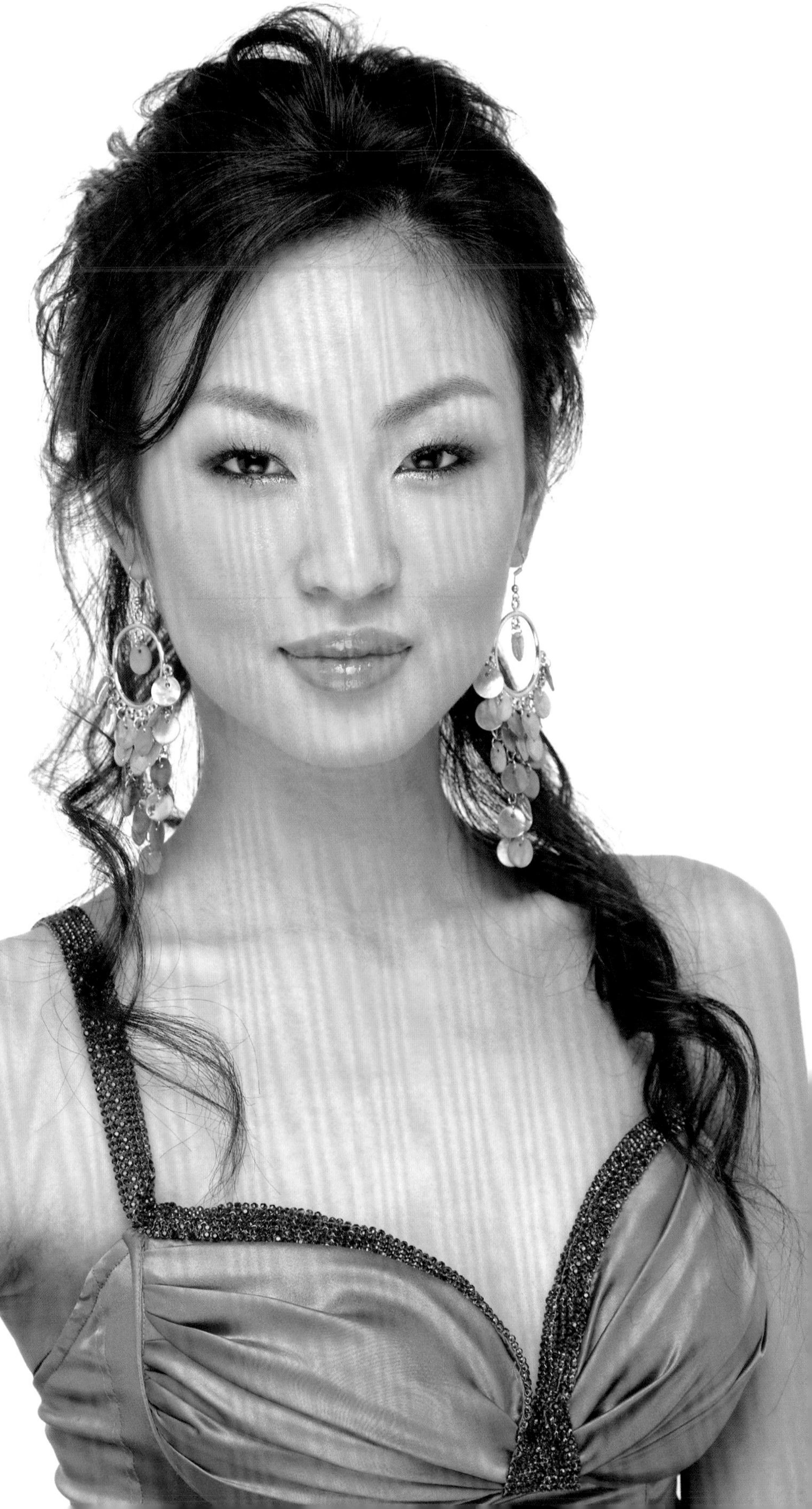

此一款妝感的派對妝，化得比較簡單，就像我們講的派對上不一定要化的是濃妝。這一款，我們一樣是帶有亮粉的，一樣是打亮顴骨，然後加強眼線，但是它的化妝色彩就不會像前一款派對的妝感那麼的重，它是有些落差的。所以，當妳在看這本書時，妳會知道在參加派對時，不一定都必需要濃妝豔抹，有些妝扮、有些選擇，多一點少一點，它會有不同的風格。所以，在派對時，無論是選擇什麼樣的妝感，五官立體的修飾是很重要，哪裡該深、哪裡該淺才是需要注意的部分。因為光線暗的地方，可以在臉部什麼地方打亮，讓它在暗的地方，會看起來更亮、更突出，這是比較重要的地方。

在選擇產品上，可以盡量選擇多一些些帶有亮粉、帶有金屬光澤的，為什麼？因為通常在派對的時候，光線會比較暗，如果用一些帶有亮粉的，或是帶有金屬光澤感的商品，在比較暗的地方，也能夠吸引眾人的目光。同時它可以讓妳的眼睛、腮紅、嘴巴都會變得凝聚光澤，充滿魅力。所以，我會建議在化妝時，妳可以在眼頭、顴骨、眉骨的地方打亮，甚至在睫毛的地方，也可以刷上帶有亮粉的睫毛膏。

以第一個妝法來講，我們把眼線畫在內眼線裡頭，就是下睫毛內眼線，可以讓眼睛變得很深邃，當妳化上這些深深淺淺的帶銀灰、深灰、咖啡、咖啡紅，或深紫色的眼線之後，再疊上亮粉、亮片的眼線液以及睫毛膏。然後，妳可以刷上帶有光澤感的腮紅，在唇膏的使用，可以用珠光的唇蜜或者是口紅，甚至於它裡面都帶有亮片粉的，所謂小星星的光澤。如果妳本身所使用的眼影都是粉質的，當化完妝之後，可以使用帶有點亮粉的，塗抹在整個眼睛上面。整體來看，會非常的亮眼。

step

1	2	3
4	5	6
7	8	9
10	11	12

身體彩繪

　　台灣這幾年，許多專業美容學校的學生，她們都非常著迷於身體彩繪。雖然這些彩繪不是一般人會去化的，但在西方國家它卻是非常風行的一個藝術美的展現，所以這也是為什麼在這本書裡頭，會選擇把它加進去。彩繪，就像我們宣揚的樂活生活，不是固定只做一件事情，而是把生活當作一門藝術，去品味去享受。例如當你在吃一份食物時，你可以用一個欣賞藝術品眼光，去欣賞廚師精心完成的一項作品。而化妝也是如此，當你在化妝化得一成不變的時候，可以藉由一些不同的彩妝藝術，去了解化妝也是一門藝術品，當妳在慢慢的左右來回揮動筆時，它不是一個動作，它像是在完成一個雕塑品，完成一個美的藝術創作。

　　同樣的，身為一個時尚工作者，或者是對於一個喜歡時尚的人，對於彩繪就應該更要有些了解。尤其在一些特殊的場合或是節慶，例如說像聖誕節、萬聖節。如果有這樣的概念，學會簡易的彩繪化法，可以去幫自己或幫你的朋友做些不同的妝扮。

　　所以，我特地邀請彩繪大師也是首位在台灣發表彩繪時尚秀的石美玲老師和我一起完成這次的精采創作。

　　我們在此介紹一些簡單的步驟。初學者，妳可以先用一支白色的專用筆，先化一個簡單的底，之後，再藉由深淺不同的顏色，再去做出深淺的層次，哪裡該深，哪裡該淺，按照步驟一步一步的去練習，相信會呈現出一個非常非常好的一個有別於一般彩妝的妝扮。然後，加上整體造型、臉部的妝、適合的髮型，加上一些配件的元素，例如說紗網、羽毛去搭配，相信絕對會是那個場合最亮眼的一個巨星。

※身體彩繪的工具跟一般所使用的不一樣嗎？

它的顏料，其實也是一種化妝品。在早期，身體彩繪是來自於中國京劇的化妝方式，例如臉譜的化法。但在早期都是使用油彩，之後西方國家經過一而再、再而三的改良研發之後，現在的顏料已經是不傷皮膚，而且十分容易清洗，甚至於用潔面布輕輕擦掉都可以。顏料、工具或是亮粉的購買，在一般美妝店或藥妝店都可以買得到。

※身體彩繪初學者要化什麼會比較容易上手？

初學者可以先由花卉開始。因為花卉在日常生活中，隨處可見，當仔細觀察後，妳就會發現，花是有深淺的，哪怕一個花瓣，它都會深淺的層次。同時，藉由哪裡該深、哪裡該淺的轉折去慢慢練習，自然而然，妳就可以學會更多，進而再去挑選更難的圖騰或圖案。

※彩繪的部分跟化妝有什麼最大不同？

因為西方人比較白，所以身體彩繪時顏色會比較飽和，可是東方人膚色是黃種人，當我們顏色上去後，它比較吃色，所以如果畫的是白色，久了以後它就會帶一點點黃色。所以，無論是化什麼顏色，要加的顏色就要加得比較多，或者是需要重複的上色，甚至於當我們沾水去塗抹時，在還沒有乾的狀態下，可以選擇用白色帶亮光澤的亮粉塗抹，讓白色的顏色飽和度更高。平常時，可以在自己的手背上練習，因為手的關節有一個折度，什麼地方該深、什麼地方該轉折，可以藉此方式去練習。

1	2	3
4	5	6
		7

step

Commend article

推薦商品。

妳一定常遇到站在專櫃前面對琳瑯滿目的商品，不知該挑哪件或是哪樣商品最適合自己。

在這單元，將介紹一些天然又舒服的商品，讓妳節省挑選的時間，並讓皮膚得到最好的呵護。

　　總是想要把最好的東西跟大家分享，每一季、每一段時間總是有流行的商品出現，就像時尚總是創意不斷的。一直以來，我都是喜歡以自然的方式去過生活，簡單的人際關係、簡單的事物、簡單的態度，所有在自然中所形成的一些生活模式。很高興能夠將這麼棒的商品推薦給大家，有些是從大自然中去提煉出來，花草樹木、果實所萃取出來的精華，有些則是最新科技所研發出的商品，跟大家一起分享。

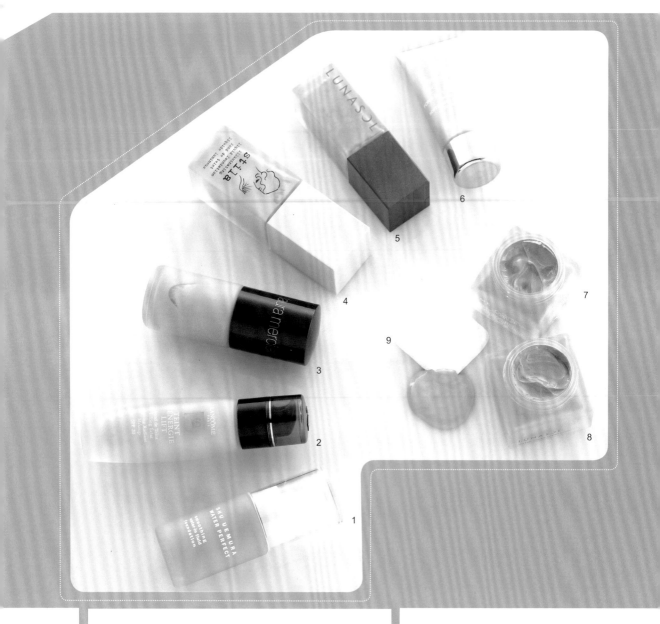

一個好的粉底可以幫助我們化妝時間維持非常長，同時，可以幫助我們在化妝時縮短時間，而且會非常的輕薄，能夠讓皮膚的毛細孔可以呼吸。但選擇粉底時，必須要先了解妳的皮膚是屬於什麼樣的性質，油性皮膚要選擇偏水份比較多一點，乾性皮膚的，就要選擇水份跟含油質量都要很平均的，若選錯粉底，它會讓皮膚變得更乾或變得更油，同樣的，選擇一個好的粉底，也會讓我們的皮膚越來越好。

粉底類

1. shu uemura植村秀水完美粉乳
2. LANCÔME蘭蔻緊寶粉底液
3. laura mercier柔光保濕粉底液
4. Stila光魔力隱射粉底液
5. Kanebo佳麗寶優櫃LUNASOL
   晶巧淨透粉霜
6. DARPHIN抗敏舒緩粉底
7. RMK水凝粉霜
8. Kanebo佳麗寶優櫃LUNASOL
   晶巧水凝粉霜（N）
9. shu uemura植村秀海棉

遮瑕膏的作用，它能夠幫我們修飾黑眼圈、眼袋，或者是一些痘疤，一些小瑕疵的地方。選擇遮瑕膏時，尤其是眼睛周圍的遮瑕膏要特別特別的注意，千萬不要選擇那種很乾很乾的遮瑕膏，或許它的遮蓋效果會很強，可是它因為比較乾，反而會讓我們的細紋加深，看起來紋路就會更明顯。所以，儘量選擇比較偏水性的，清透又清爽性的，以下這幾個遮瑕膏都是我所使用過覺得非常好的，特別推薦給大家。

遮瑕類
1.Stila光魔力隱射遮瑕液
2.Kanebo佳麗寶優櫃LUNASOL黑眼圈亮采乳
3.Laura mercier晴亮飾底霜
4.LANCÔME完美無瑕筆
5.laura mercier亮彩筆
6.clé de peau BEAUT肌膚之鑰一點即亮靚光筆
7.RMK立體遮瑕膏
8.shu uemura植村秀眼部遮瑕膏
9.laura mercier雙色遮瑕盤
10.laura mercier亮眼遮瑕霜
11.stila遮瑕粉魔霜
12.laura mercier無痕修飾筆

面膜其實是非常重要的。毛細孔粗大、臉容易泛油光，細紋比較容易產生的人，每週大概敷二到三次的面膜，建議可以敷保濕、美白的面膜。藻泥類的面膜，它可以深層清潔毛細孔，平衡油質。所以敷臉不但可以讓毛細孔變得越來越小，皮膚的含水量也會比較高，膚質會越來越好。以下我所推薦的面膜，裡面含有一些如紅茶、綠茶、蜂王乳、蜜棗等天然成分，不但皮膚沒有負擔，也可以讓皮膚水噹噹。

面膜類

1.Estee Lauder雅詩蘭黛彈性喚顏緊實面膜
2.RMK淨透藻泥膜
3.fresh玫瑰面膜
4.clé de peau BEAUT肌膚之鑰集中護膚組
5.RMK清酒精華面膜
6.clé de peau BEAUT肌膚之鑰集中護膚組
7.Kanebo佳麗寶活力潤白濕敷膜N
8.CHIC CHOC保濕活膚茶面膜
9.Estee Lauder雅詩蘭黛活膚再生醒膚面膜
10.LANCÔME蘭蔻x3高EQ瞬白精華面膜

蜜粉是幫助我們能維持妝的時間，同時它能夠讓臉看起來比較清爽。所以說選擇蜜粉，它能幫助我們定妝，或者妳也可以選擇粉餅。妳可以加強T字部位容易出油的地方，但在眼睛周圍有細紋的地方，蜜粉就不要用得太過量，適度就可。在眼睫毛根部，可以壓一些粉讓那個地方不會過油，這個方法是防止眼妝的暈開，所以蜜粉是一個很重要的工具。

蜜粉類
1.LANCÔME蘭蔻絕對完美蜜粉
2.Kanebo佳麗寶優櫃LUNASOL
　晶巧纖透蜜粉
3.shu uemura植村秀
　(橘色)麗容蜜粉桃色
4.shu uemura植村秀
　(粉色)麗容蜜粉
5.laura mercier晶亮蜜粉
　(針對眼部)

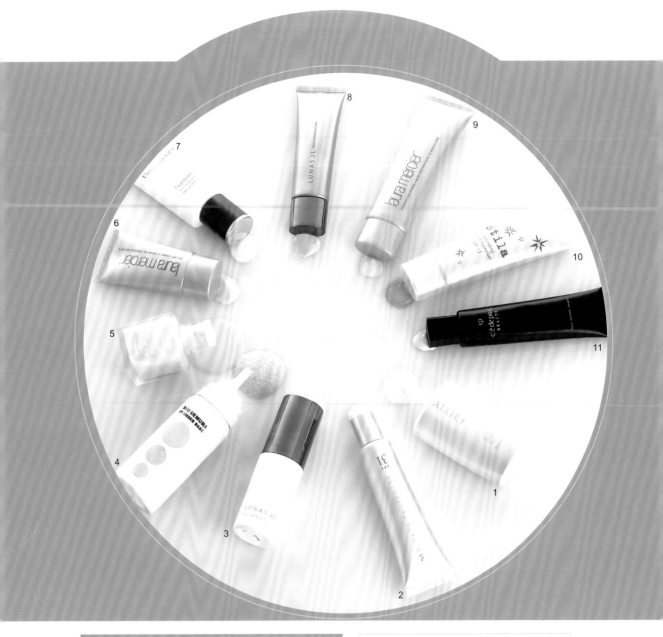

儘量選擇親水性，就是含水量比較高的。如果太過於油膩，反而會造成毛細孔的堵塞，毛細孔一旦堵塞的話，就容易長成粉刺，以下這些隔離霜都是我所使用過，覺得非常舒服的，不管是夏天或冬天，都是非常清爽的一些妝前霜還有隔離霜。

妝前霜、隔離霜類
1.Kanebo佳麗寶ALLIE防曬SPF50
2.RMK UV防護乳N SPF31 PA+
3.Kanebo佳麗寶優櫃LUNASOL UV防護乳
4.shu uemura植村秀UV泡沫隔離霜
5.RMK液狀隔離霜
6.laura mercier定妝凝露
7.Estee Lauder雅詩蘭黛石榴輕質隔離SPF50
8.Kanebo佳麗寶優櫃LUNASOL晶巧毛乳滑緻修飾乳
9.laura mercier喚顏凝霜
10.stila防曬SPF15光魔力潤色護底霜
11.clé de peau BEAUT肌膚之鑰妝前霜

這些商品是針對熟齡的女性，主要的功能可以除皺或是修護，它的成分有胜肽、膠原蛋白、石榴萃取物、甘草、鳶尾、茉莉、蕨類、牡丹、迷迭香等，可以讓我們皮膚裡頭充滿很多的營養素，撫平因為歲月所留下來的痕跡，並且促進皮膚裡頭的一些細胞再生。

精華類
1.fresh茴香精華液
2.DAPRHIN鳶尾系列胜肽除皺精華
3.shu uemura植村秀B-G活彩修護精華含茉莉
4.shu uemura植村秀B-G活彩修護乳液維他命ACE
5.LANCÔME蘭蔻新生奧祕活膚霜
6.Estee Lauder雅詩蘭黛彈性膠原活膚晚霜
7.Estee Lauder雅詩蘭黛紅石榴維他命凝霜
8.Estee Lauder雅詩蘭黛紅石榴維他命乳液
9.Estee Lauder雅詩蘭黛紅石榴亮彩修護霜
10.Estee Lauder雅詩蘭黛彈性（日間）膠原活膚乳液
11.DARPHIN鳶尾精華液

通常台灣的女性比較喜歡一白遮三醜，所以，我們在此特別介紹了一些商品，能夠達到美白又讓皮膚沒有負擔的。有美白的日霜、晚霜、精華液，或者是化妝水，裡頭含有像黃芹、柑橘、龍膽草，或者是像玫瑰、玫瑰精露，這些都是從天然植物裡去萃取出來的美白商品。

美白類

1. LANCÔME蘭蔻x3超瞬白精華
2. LANCÔME蘭蔻x3超瞬白精華晚霜
3. LANCÔME蘭蔻x3超瞬白精華日霜
4. LANCÔME蘭蔻x3超瞬白精華調理液
5. Kanebo佳麗寶活力極效潤白晶
6. RMK玫瑰晶露
7. shu uemura植村秀漢萃淨透美白化妝水
8. shu uemura植村秀漢萃淨透美白乳液
9. shu uemura植村秀漢萃淨透美白精華液
10. BIOTHERM碧兒泉極淨白晚霜
11. BIOTHERM碧兒泉極淨白乳霜
12. shu uemura植村秀漢萃淨透美白水凝霜

針對皮膚偏乾或比較油的人，水份是不可或缺的保養品。所以在這單元裡，特別推薦了一些關於保濕類，就是針對皮膚乾或是皮膚比較油的人，或者是皮膚是油性但缺水的人。平時，你們特別就要注意到皮膚的保濕。這些產品裡含有一些天然成分如扁柏、薰衣草、橄欖葉和橄欖果實萃取物、葡萄籽、洋甘菊、山藥、白木蓮、紅藻、藍藻等等。

保濕類
1. BIOTHERM碧兒泉活氧青春2次元凝露
2. BIOTHERM碧兒泉活氧青春2次元水精華
3. BIOTHERM碧兒泉活氧青春2次元水精華
4. CHIC CHOC活膚茶凍
5. RMK能量果霜
6. Kanebo佳麗寶潤膚乳
7. fresh修護保濕霜
8. shu uemura植村秀深海活萃保濕乳液
9. shu uemura植村秀深海活萃保濕乳液
10. shu uemura植村秀深海活萃保濕乳液
11. LANCÔME蘭蔻第四代新水顏舒緩保濕乳液
12. LANCÔME蘭蔻新水顏舒緩保濕精華

不管有沒有化妝，當回到家時，一定要做好深層的清潔。因為空氣中有太多太多的灰塵，長期累積會堵塞毛細孔，讓皮膚造成很大的負擔。所以我們要用一些適當的清潔品，把它從深層的毛細孔引導出來，讓皮膚能夠更舒服，把一天的疲倦和覆蓋在毛細孔上的灰塵，都能夠清除掉。

潔面清潔類
1.CHIC CHOC保濕皂霜
2.Estee Lauder雅詩蘭黛紅石榴雙效潔膚乳
3.fresh大豆洗面乳
4.BIOTHERM碧兒泉極淨白潔顏膠
5.stila蕾蕾茵露潔面泡泡

潔面油，可以讓厚重的妝或色彩從我們的臉上清除、清洗掉。所以慎選一些比較好的潔面油，不管是油質的或是含膠質的潔面油、卸妝油，或者是說像有一些，它在單獨使用時，是含油質的，可是一遇到水，它是會乳化成為一個清爽的，也可以當作洗臉用品，這也是非常非常重要的清潔品。

潔面油

1. Estee Lauder雅詩蘭黛、眼唇、清新淨妍眼 唇卸妝液
2. stila蕾蕾茵露
3. RMK潔膚油N
4. shu uemura植村秀櫻花潔顏油（櫻桃萃取）
5. shu uemura植村秀綠茶潔顏油（綠兒茶素）

因為眼睛周圍比較容易產生一些細紋，所以一定要注意到平常的保養。適度的擦上眼霜或眼膠，或者是去修復眼睛周圍的皮膚，減少細紋的產生。以下我推薦的都是一些含有天然成份的，如柑橘、烏龍茶、綠茶、銀杏、小黃瓜等等。

眼霜類
1.fresh蓮花眼膠
2.fresh保濕修護眼霜
3.CHIC CHOC晶瑩tea透眼凝霜
4.shu uemura植村秀活彩修護眼霜

　　化妝水可以平衡皮膚的酸鹼質。在洗完臉後，皮膚會比較脆弱，所以在第一時間趕快用化妝水輕拍，它可以讓我們皮膚的ＰＨ值得到一個酸鹼平衡，並且減少皮膚平時曝露在空氣中的傷害。這些都含有天然的成分，如薔薇、薰衣草、玫瑰、人蔘精華、蘋果、葡萄柚等讓我們的皮膚得到很好的呵護。

化妝水

1.Kanebo佳麗寶DEM活膚晶露
2.shu uemura植村秀海洋深層水薔薇
3.shu uemura植村秀海洋深層水薰衣草
4.shu uemura植村秀深海活萃保濕化妝水
5.RMK均衡美膚露N 玫瑰水潤型
6.RMK均衡美膚露N 柔膚型
7.fresh玫瑰化妝水
8.Estee Lauder雅詩蘭黛詩俏臉魔力纖容精華
9.fresh布列塔尼海洋水

CREME POUR
LE CORPS

CENTURIES AGO,
JAPANESE RICE
FARMERS NOTICED
THAT THE FARMERS
RESPONSIBLE FOR
WASHING THE RICE
(RICE IS WASHED
SEVERAL TIMES AFTER
HARVESTING) HAD
SOFTER, SMOOTHER,
YOUNGER-LOOKING
HANDS. OVER THE
YEARS THEY BEGAN
RESERVING THE
RICE WATER FOR
FACE AND BODY
TREATMENTS TO
NOURISH THE SKIN
TO ACHIEVE A
YOUTHFUL GLOW.

150ml e 5.3floz

米rice

FORMULA f21c®

fresh*

F21C

沐浴類

1.fresh清酒沐浴精
2.fresh白米身體精華油
3.fresh白米身體乳霜

　　哇！泡澡也是一個很重要的事情。妳有多久沒有好好泡泡自己的身體，妳有多久沒有好好的去讓身體放鬆，泡澡可以放鬆我們一天疲倦的心情跟狀態，還有緊繃的肌肉，藉由裡頭的一些成分，如白米、向日葵、荷荷芭、葡萄籽等天然成分，讓整個身心得到舒暢。同時泡完澡之後，妳可以在身上塗抹一些身體的精華油，或者是一些乳霜稍加按摩，可以幫助我們解除肌肉的緊繃，並且可以消除疲倦，得到一些很好的睡眠。

當我們在做臉部按摩時，儘量要藉助按摩油或者是乳霜之類的商品，因為它可以減少在按摩時的一些傷害。所以，我們可以藉由按摩油，它會讓摩擦力減到最低，輕輕的去按壓臉部的穴道，尤其是像我們這本書裡頭有介紹一些按摩的步驟手法，妳在按摩之前，就可以使用這些按摩油或是乳霜精華液等來作為輔助。

按摩類
1.Kanebo佳麗寶活力美白凝凍N
2.Kanebo佳麗寶優櫃LUNASOL
　醒膚凝摩凍
3.clé de peau BEAUT 肌膚之鑰醒膚霜
4.fresh全效乳霜
5.fresh全效按摩油

其實不僅是女生要保養，男生的面子問題也是女生會在意的，所以在這裡我們也特別介紹一些男生的保養品，可以提供給女生，在選擇給自己的另一半時的一個參考。男生最在意不外乎是毛孔粗大、痘疤、細紋，還有皮膚的觸感，以下推薦的這些保養品含有銀杏、咖啡因、甘油，以及一些維他命等等，可以提供更輕鬆更有效率的解決辦法，且質感清新不油膩。

男性保養類
1.BIOTHERM碧兒泉男仕緊腹凝膠
2.LANCÔME蘭蔻男性保濕系列
3.BIOTHERM碧兒泉男仕瞬效醒顏露
4.BIOTHERM碧兒泉男仕極燦喚膚霜
5.LANCÔME蘭蔻男性保養系列
6.BIOTHERM碧兒泉男仕活泉多水保濕凝膠

　　為什麼在這本書裡頭會特別講到香水，或者關於氣味的商品。因為一個好的、舒服的味道，可以幫助我們從早到晚神清氣爽，維持一個好心情，並且可以輔佐我們睡眠的狀態。尤其當妳心情不好，或身體不舒服、疲累的時候，可以選擇比較舒服的氣味，或是一個比較清爽的氣味，它可以幫助我們提起精神。如果是要去約會或者跟朋友聚會，可以選擇帶一點點花香味的香水，讓整天的心情好像置身在花園裡。甚至於，妳可以使用一些像石榴、西洋梨或小黃瓜之類氣味的香水，我曾經在夏天試過噴一瓶小黃瓜的氣味在身上，它讓我整天感覺非常的清爽，同時，在冬天我也用過帶有柑橘或檀香氣味的香水它讓我有溫暖的感覺。所以味道對我們來講，是非常非常重要的一件事情，千萬不要去忽視它。

香水
1.fresh INDEX
2.fresh淡香水
3.LANCÔME蘭蔻魅惑
4.fresh INDEX系列
5.fresh粉紅茉莉

Cosmetics
Box
Q&A

附錄
培華的化妝箱
彩妝Q&A

長久以來，一直存在我心裡的感動，始終是
那第一個化妝箱。

　　我的第一個化妝箱，是剛入行時秀秀姐送我的，那時她告訴我，需要有一個很好的箱子去收納我所有的工具。這些年來我也換過好幾個化妝箱，但是長久以來，一直存在我心裡的感動，始終是那第一個化妝箱。

　　當妳發生許多問題時，是否不知該問誰或是該去哪尋找答案，我們將許多常見且熱門的問題整合，妳可以在此找到你所要知道的答案。

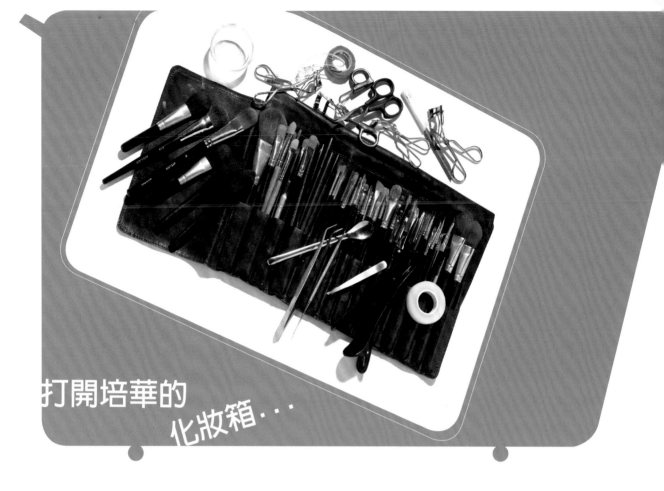

打開培華的 化妝箱…

1. 化妝箱對你的意義？

   它對我的意義，最重要是來自於，它可以讓我在工作上更得心應手，同時它也能幫我將所有的東西做一個很好的歸納和收藏，以及有著很好的保護作用。同樣的，化妝箱對我而言，也是生命中的一部分，因為我幾乎每天都要用到它。

2. 化妝箱大概有幾樣東西？

   裡頭的東西大概有七、八十樣商品。因為每一個商品、每項東西是不一樣的，有時候工作時碰到的人也都不一樣。所以，針對不同場合我都必須要隨時準備那麼多的東西。

3. 化妝箱大概有多重？

   我現在提的化妝箱，大概有十六、七公斤，但還不包含其它的部分，因為我的化妝箱已經快裝不下了。

4. 我的化妝箱用多久？

   已經用了將近快要十年以上。

5. 如果有一天工作前，突然化妝箱不見了，會怎麼辦？

   我想我會瘋掉吧！瘋掉的原因是因為，它對我來講很重要。而且我會非常非常的難過，因為裡頭有很多很多的東西及工具，陪伴我超過十年以上，甚至有十七年之久。並且有些筆刷及工具，不是隨時想買就買得到，而那些工具刷，它已經讓我用到很順手。所以對我而言，最難過的是那些東西離開了我。但是我還是會在家裡找一些替代品，順利完成當天的工作。

6.這麼多樣產品要如何整理才不會搞亂,或是在工作時候,能夠及時找到想要的產品?

對我來講,我的每一樣工具、每一支筆刷,每一個眼影、腮紅、睫毛膏,都有一個固定的位置。因為,我會要求我的學生或是助理,請他們去記住,我的筆刷套裡每一支筆刷的位置,不要隨便讓它搬家。因為,一旦遇到工作很緊急時,就可以馬上找得到需要的工具。所以,一旦養成良好的收納習慣,讓它回到該去的地方,在工作結束,收拾筆刷或眼影時,就可以很清楚察覺到少了什麼東西。所以,讓每一樣商品留在固定的位置,就可以在第一時間找到它。

7.對於自己的化妝箱有什麼樣的偏好?

我希望是在市面上大家買不到的,是獨一無二的。因為這樣的化妝箱,是比較特別的,或是可以在顏色上,能非常的與眾不同。我現在的化妝箱,是很多年前,在日本找到的一個工具箱,它是布料所做成的,本身非常非常非常的輕。它的優點是在工作時,可以減輕我的重量,不至於成為我的負擔,除此之外,也希望它也有足夠的空間能夠收納很多的東西。

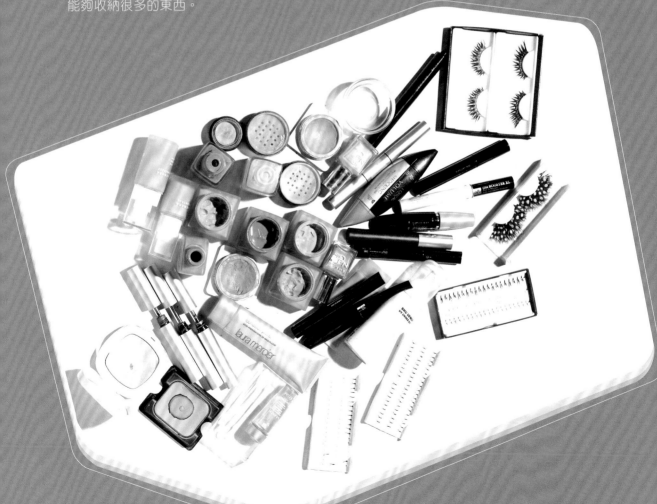

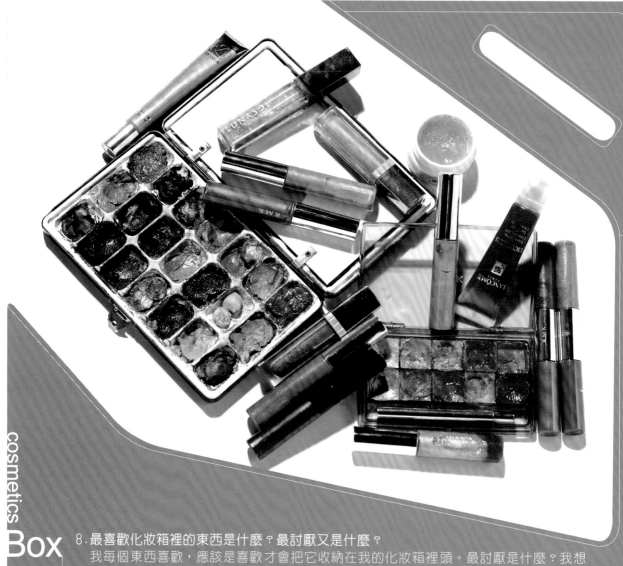

cosmetics
Box

8. 最喜歡化妝箱裡的東西是什麼？最討厭又是什麼？

　　我每個東西喜歡，應該是喜歡才會把它收納在我的化妝箱裡頭。最討厭是什麼？我想應該不能說是討厭，我比較害怕玻璃瓶裝的東西，因為玻璃瓶本身的重量很重，再加上玻璃瓶是屬於易碎的商品，出國的時候，我又很擔心它在行李託運的過程中摔碎，所以一直會很提心吊膽，如此不舒服的感受。

9. 一個月使用化妝箱的頻率有多少？

　　哇塞！我一個月使用化妝箱的頻率幾乎……一個月如果說以三十天來算的話，我大約應該會使用的頻率應該有二十八天吧，所以幾乎都是天天了。

10. 自己的化妝箱和別人的化妝箱有何不同？

　　我的化妝箱，因為它是布料的，所以視覺上它看起來很輕很小；可是，它又可以讓我收納很多很多的東西，因為它裡頭是沒有隔間的，所以這可能是跟一般化妝箱比較不同的點。

11. 化妝箱裡頭最想丟掉的東西是什麼？

　　最想丟掉的東西就是所有過度包裝的東西。比如說，其實眼影很小，可是它旁邊就會

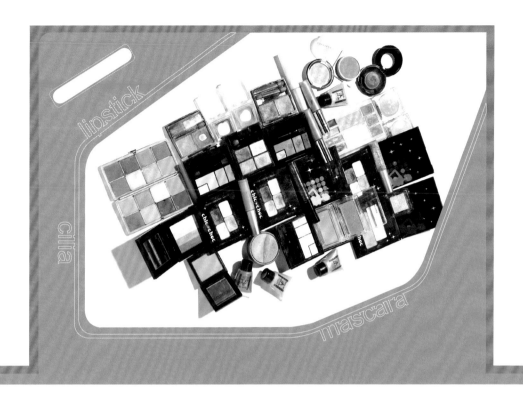

有一個很大的空間，會增加我們的重量跟收納的負擔。所以對眼影的收納，我最喜歡將眼影從眼影盒裡拿出來，然後放置在一個大的盒子裡頭，這樣的目的是因為我常要面對不同的人，所以需要準備各種不同眼影的顏色。

12. 化妝箱裡最多的一項產品是什麼？

我的化妝箱裡睫毛膏、粉底的種類都很多。但只能夠挑選一項產品，應該是眼影。我的眼影的數量是最多，攤開來看的話，大概有將近一百種以上的顏色吧。

13. 化妝箱裡最麻煩的東西是什麼？

最麻煩的東西就是圓柱型包裝的商品，因為圓柱型包裝的商品，它比較會佔空間，所以它在收納的時候，會比較麻煩。

14. 化妝箱裡頭，有什麼是會令人眼睛一亮，或是愛不釋手的？

一個是調粉底的調片跟黏假睫毛的一個鑷子吧！因為那個鑷子會讓人家覺得說，哇！你很像在動手術的一個醫生。其實我的調片跟鑷子，是牙醫在補牙時所使用的工具，那個也是比較少人會使用的一個商品。

15. 化妝箱裡什麼是便宜又好用的？

有三個：睫毛膏、唇蜜，再來就是睫毛夾。

16. 以一個動物形容化妝箱，它會是什麼？

我想應該不能用動物吧，如果真要形容，那應該是機器貓小叮噹。因為它可以從它的百寶袋裡取出各式各樣的東西，就像是我的化妝箱，似乎永遠有取不盡的東西。

睡眠不足？喝水太多，眼睛會浮腫？

毛細孔粗大怎麼化妝？

兩邊眉毛怎麼畫？有沒有簡單快速的方法？
如何選擇適合自己的妝？單眼皮的人就不要畫煙燻妝之類的嗎？

睡眠不足？喝水太多，眼睛會浮腫？

睫毛膏兩三個月就要換一次，是真的嗎？

彩妝 Q&A

兩邊眉毛怎麼畫？有沒有簡單快速的方法？
如何選擇適合自己的妝？單眼皮的人就不要畫煙燻妝之類的嗎？

睫毛膏兩三個月就要換一次，是真的嗎？
睡眠不足？喝水太多，眼睛會浮腫？

Q:毛細孔粗大怎麼化妝?

A:你可以在化妝前,使用一種市面上常看到專門為毛孔粗大的人在上妝前擦的一種凝露。這種凝露可以讓毛細孔撫平,但是基本上那只是臨時性的,如果你的毛細孔粗大,最好的方式例如一個禮拜定期進行二到三次的敷臉,或是可以使用海藻泥做一個深層的清潔,而且,睡眠必須要充足。通常毛細孔會粗大的原因有很多種,有一種是油質分泌旺盛,通常會發生在青春期;還有一種是長期熬夜,熬夜的人會造成油質分泌不均,長期下來就會長痘子,而痘子久了以後,就容易把毛細孔撐大。所以最好的方式就是利用按摩的手法,利用定期敷面膜保養的動作,還有就是注意自己的睡眠作息時間,這樣才能把皮膚狀態調理好。

Q:早上化好妝,到下午就變比較暗沉,補妝又效果有限,有沒有什麼絕招?

A:針對這個問題,我建議補妝時,可以帶粉餅類的,而補妝的粉底,可以選擇比早上塗抹的粉底顏色稍微明亮一點的。當然這個方式並不是百分之百的絕對,因為也要視粉餅的選擇,或者是補妝時用的色彩的選擇而定。是不是比妳原本的膚色深,是不是適合妳本身的膚色,都是必須要去考量的,所以必須要找到一個正確的適合自己的膚色的粉底,這真的是很重要的。

Q:兩邊眉毛怎麼畫?有沒有簡單快速的方法?

A:其實眉毛像人的手腳一樣都會有大小不均。眉毛在臉上看起來的平衡感是最清楚的,尤其當眉毛畫得很深時,相對的,眉毛兩邊的落差就會更清楚。所以說,建議剛開始學化妝的人,在畫眉毛時,先找出一個平衡點,找出平衡點後,再針對這個平衡點的問題去學習怎麼樣畫眉毛。比較快速簡單的方法是,坊間現在有很多的畫眉器,它本身就有一個固定的眉型,初學者可以利用它輕鬆畫好眉毛,但缺點是眉毛畫起來會比較僵硬,所以,還是自己多加練習!

Q:如何選擇適合自己的妝?單眼皮的人就不要畫煙燻妝之類的嗎?

A:單眼皮的人其實是非常適合畫煙燻妝的。煙燻妝是非常適合東方人的眼妝,除了單眼皮,眼睛比較浮腫、泡腫的人,要怎麼去選擇適合自己的妝?其實最重要的是看去什麼樣的場合,例如參加party時,如果白天就使用一些比較閃亮或者是有光澤感的商品,就會顯得整張臉看起來過於閃亮,所以視場合再來決定妝感,是比較適當的。

Q:油性皮膚要如何化才不易脫妝？

A:油性皮膚的人本來就比較不容易吃妝。所以，在粉底的成份，要選擇偏水份多一點的粉底，而不是偏油性多的粉底；在粉底的種類，也可以選擇偏乾性的粉底。在底妝打好後，蜜粉定妝是一個非常重要的步驟，可以使用蜜粉或是粉餅類的商品，在底妝畫好後，慢慢的按壓上去，可以比較不容易脫妝，讓妝維持的時間比較長。記住，適時地使用吸油面紙把多餘的油質吸掉，然後適度在Ｔ字部位按上一些蜜粉，這都是讓我們的妝維持久一點的方法。

Q:睡眠不足或喝水太多，眼睛會浮腫該如何解決？

A:最好的方式，就是在睡覺前不要喝太多的水。因為人在睡覺時，它並不會藉由血液循環加速新陳代謝，它反而容易屯積在我們的臉頰、眼睛，尤其是有些人眼睛本來就比較容易浮腫的人。但萬一早上起來眼睛過於浮腫，建議先用冷熱水交替，或者是用毛巾包著冰塊稍微冰敷一下。甚至，可以在化妝前，稍微讓眼袋浮腫的地方做一個簡單的按摩，加速血液循環，就可以讓浮腫的狀況減輕。眼睛浮腫時，建議可以使用帶點橘色調的遮瑕膏，會讓眼袋的地方不會那麼的浮腫。

Q:睫毛膏兩三個月就要換一次，是真的嗎？

A:我想這種問題沒有辦法百分之百絕對的告訴妳，是真的或是假的，因為這要視個人衛生習慣，還有平時收納的習慣而定。如果平時衛生習慣良好，讓睫毛膏都能保持乾淨，還有收納時，不是長期讓它曝晒在陽光底下或是冷氣房，那都會影響到產品的壽命。所以建議女性們，平時都能夠有個專門收納彩妝用品的小包包，可以放在平時外出帶出去的包包深處，不會讓溫度影響產品的品質，當然，養成一個良好的衛生習慣也是很重要的。

Q:乾掉的睫毛膏可以做什麼呢？

A:乾掉的睫毛膏，我會把它拿來當作是一個非常好的定眉膏。因為我們有些人的眉毛比較長，有些會比較雜亂，所以在畫完眉毛後，或者是本身眉毛顏色比較淡或稀疏的人，在畫眉毛後，我會用乾掉的睫毛膏，把眉毛的部分再刷一下，這可以讓眉毛看起來根根分明，同時，比較淡的眉毛也會看起來比較濃密。

Q:塗口紅為什麼一定要畫唇線,不畫唇線可以嗎?

A:當然是可以。但是,因為不是每個人的唇型都是那麼的漂亮完美,所以畫口紅前,我們可以先用唇線筆在唇邊描繪出一個非常漂亮誘人的唇邊,之後再把口紅畫上去。因為,口紅太油比較不好去描出一個乾淨的邊,所以藉由唇線筆描出一個美麗的唇邊再塗上口紅,當兩個顏色結合在一塊時,就會有一個乾淨漂亮的唇型。

Q:蜜粉和蜜粉餅在使用上有沒有不同?

A:蜜粉是比較鬆散的粉,蜜粉餅其實是鬆散的粉藉由壓縮成為餅狀,所以在包裝上面來講,它們是有很大的不同點。但是,在材質上、使用上來說,它們的功用,都是屬於定妝的一個工具。我會建議在家裡時,可以使用蜜粉,當出門後,可以在包包裡放一個蜜粉餅,隨時方便拿出來補妝。唯一要注意的是,蜜粉餅是鬆粉壓縮成餅狀,有時當粉撲沾太多粉時,壓在我們的臉上,通常那一塊的粉就會變得很厚,所以蜜粉餅當我們在使用時,要注意粉要均勻的分佈在我們的臉上,而不是一塊一塊的,厚薄不一的。

Q:可以將兩種不同顏色的飾底乳混合在一起使用嗎?

A:每一種飾底乳,它有不同的功用。例如滿臉痘子或是臉比較容易泛紅的人,可以選擇綠色的飾底乳;膚色比較暗沉的,可以選擇粉色或紫色的飾底乳;如果想要讓自己看起來比較白晰,可以使用紫色或粉色;如果想讓皮膚看起來比較健康的話,就可以使用帶點橘色調的飾底乳。可以兩種飾底乳混合在一起使用嗎?基本上是可以的。因為,膚色暗沉的人,可是又想讓臉看起來比較明亮,就可以用一點點橘色加一點點粉色;而本身長滿痘子,有很多痘疤的人,那可以再加綠色的飾底乳,但這時使用粉紅色的飾底乳,可能比較不適合,因為會讓痘疤看起來更明顯。

Q:有珠光效果的彩妝品,該用在哪些部位,為什麼?

A:有珠光效果的彩妝品,很適合用在臉部做立體修飾、打亮高明度,例如鼻子、眉骨、顴骨,尤其這一兩年來,有些人習慣在眼頭的部分打亮,這都會產生非常好的效果。因為本身含有珠光的商品,它本身就有一個非常好的聚光效果跟折射光效果,所以當它打亮在我們立體的地方,同時他就可以吸收到更好的光線,就會造成我們臉部立體分明,輪廓更深邃,該凸的凸,該凹的凹。也藉由立體珠光的效果,讓我們臉變得比較明亮,而相對的其他部分就會比較深沉,整體呈現一個立體修飾的效果。

Q:刷子的毛若品質不好,就容易掉毛嗎?

A:這是絕對會的。因為,一個好的刷具,它在製作過程中,一定會有一個非常好的精算,例如說,在材質的選擇上,它所選用的不管是纖維、毛質或者是動物的毛質,在製作的過程中,都會經過嚴密的精選。我會建議女性,選擇一個好的刷具,可以讓使用的壽命變的非常長,相對的,也可以讓我們節省多餘的支出,就像有些工具,已經跟了我十七年,從我入行時就用到現在,而且是越用越順手,所以選擇一個好的工具刷,是非常重要的,而且會事半功倍。

Q:眼妝要怎麼卸,才乾淨?

A:產品的選擇上,可以使用專門卸眼唇的卸妝商品。可以用化妝棉或者是棉花棒,沾了眼唇卸妝油之後,輕輕的敷在眼皮或睫毛上面,大概兩秒至三秒的時間,再左右輕輕的移動,讓附著在睫毛上的睫毛膏能夠先軟化之後,然後再把它擦拭掉,而不要是在沾了卸妝商品之後,就直接往眼睛上用力的擦,因為那樣不但不會把我們的眼妝卸得乾淨,同時,也會讓我們的眼睫毛受到很大的傷害。

Q:貼雙眼皮貼布的時候,如何不破壞妝?

A:如果必須要貼雙眼皮膠布,可以在上粉底前,就把它貼上去。要注意,在妳貼之前,眼睛周圍的油質,必須要把它擦拭乾淨,因為當雙眼皮膠帶貼布上面的黏膠,如果它沾到過多油質時,會不容易附著在眼皮,或是時間較長時,它就會翹起來。所以,先把油質的部分擦乾淨,讓眼皮的地方呈現比較乾爽的狀態,同時,貼完之後再上粉底,就會看起來很自然。

Q:畫眼線時,如何讓它不暈開?

A:通常眼線筆,它是含有一些油質在裡面的,因為如果眼線筆過乾,它會很容易弄傷眼睛周圍脆弱的皮膚跟毛細孔。所以當畫眼線時,時間一久,如果我們沒有注意,它很容易就會暈開來,這時要如何讓眼線不暈開呢?建議當畫完眼線後,可以用深色的眼影粉再輕輕的塗抹一層,就像打粉底後,稍微輕壓一些蜜粉一樣,會有非常好的定妝效果,且看起來會很自然。

Q:白色打底睫毛膏是不是必需要的?

A:我們上睫毛膏之前,有些白色睫毛膏裡面本身是含維他命E的,有保養的效果,所以它是可以使用的,但是不是一定必需要刷?那就看個人的喜好而做選擇了。同時,刷上白色之後再刷上黑色睫毛膏,也會比較顯色。

Q:如何讓眼睛看起來更大?

A:如果妳想要讓眼睛看起來很大,其實有很多的方法,例如說,妳可以在化妝的時候,利用色彩來凸顯我們眼睛的明亮,甚至於說,妳可以適度把睫毛夾翹之後,把睫毛刷得很漂亮,或者是睫毛不是很濃密的人,也可以利用假睫毛來讓視覺上眼睛變大。

Q:如何讓下垂的眼皮上揚?

A:我們可以利用畫眼線,讓眼睛在視覺上看起來不會下垂而且是上揚的。同時,下垂的眼皮,有些人是因為眼皮比較鬆所以眼尾比較垂,這時候,或許就可以回到我們的問題之前的問題,妳可以貼上雙眼皮的貼布,讓我們的眼皮也比較不會有下垂的狀態。

Q:選用眼線色彩要和雙眼成對比色彩嗎?

A:這是不一定的。其實選擇眼線,最主要是要搭配妳今天穿的服裝色調。這是色彩學的原理,例如有時候對比強烈,它會有強烈的視覺效果,可是同樣的,如果服裝整體上來講,是偏向什麼色調,就可以去選擇相似的色調做同色系的搭配,或者是對比色彩的搭配,在整體上也會有加分的效果。可是同樣的,如果顏色選擇錯誤,或者過於強烈,也會造成一個反效果。對於東方人來講,眼線的顏色,最好用黑色或是咖啡色或者帶一點點的深藍色,因為東方人的眼睛常常會讓人家看起來沒有精神,所以我們加上一些黑色或是深色調的眼線,可以讓眼睛根部的睫毛看起來比較濃密外,也可以讓我們眼睛看起來比較明亮有精神。

Q:戴隱形眼鏡,可以使用睫毛膏嗎?

A:當然可以。我曾經有一位朋友,她隱形眼鏡一直戴不上去,後來我教她學會夾睫毛刷、上睫毛膏之後,她在戴隱形眼鏡,反而戴得更得心應手,因為東方人毛髮比較硬,常常會往下伸長,所以隱形眼鏡是很難帶或戴不上去的,同樣的,戴上隱形眼鏡之前,夾一下睫毛、刷一下睫毛膏,這樣子也可以讓我們眼睛變得很大。

Q:第一次畫眼線,要用眼線筆還是用眼線液比較好?

A:對於第一次畫眼線的初學者,建議使用眼線筆比較好。因為眼線液的高難度是比眼線筆來得更高,所以,初學者最好先常常練習,讓那個拿筆的手比較穩之後,再去使用眼線液。

Q:每次刷上睫毛膏後,看起來都黑黑的一坨,怎麼辦?

A:新的睫毛膏,當妳第一次使用時,可以在睫毛膏開口處先把它刮掉一些,不要有一坨一坨的,再往睫毛上刷,這樣子睫毛就可以刷起來比較乾淨,份量度也會比較剛好。如果真的刷到黑黑的一坨的話,也不用擔心,妳可以用一支專門刷開、梳開睫毛膏的一個小刷子或者小梳子,把它輕輕的梳開,就會根根分明。

Q:常常在刷睫毛膏的時候,會將眼睛旁邊弄髒怎麼辦?

A:不要馬上很用力的用手指,或用面紙去擦掉,可以用棉花棒輕輕的以很輕很輕的力量從它上面慢慢的用旋轉的方式,就是邊拿棉花棒邊轉棉花棒的方式把它沾掉,而且動作要很輕,不要用力,因為一用力的話,那個睫毛膏的膠質會讓它與皮膚附著更緊密,反而會更難清理。只要輕輕的沾,它就可以從我們臉的表皮上,尤其是有按了粉之後,會更容易清除。

Q:如何選用唇線筆來配合唇膏?

A:唇線筆的選擇,可以選擇自然色調,或者說可以選擇比較偏粉色調、偏紅色調的。最主要是看膚色,還有本身的唇色,因為像有些人嘴唇的唇色比較深,在口紅的選擇上,或許她就可以選擇比較淺一點的顏色,或是比唇色更深一點的顏色,再去搭配唇線筆。也可以選擇同色調的搭配,譬如如果是咖啡色調的口紅顏色,或者是磚紅色調的,就可以用比較帶點咖啡色,或偏點紫紅色調的唇線筆。

Q:如何讓口紅可以更持久,不暈染?

A:這個方式其實很簡單,妳可以選擇一些不脫色的口紅,當然,每次吃東西或喝水的時候,如果說要完全不掉色,那是不太可能的。因為那表示色素容易沉澱在嘴唇上面。所以,妳可以使用唇蜜,或者是唇線筆,這樣子可以讓我們的口紅,隨時隨地吃完東西的時候稍微補一下,它就會比較不容易暈染,而且也可以持久,或者是,當妳上完口紅之後,妳可以輕輕的把油質按掉,用面紙把油質按掉之後,再按上一些粉,這樣也可以讓口紅維持比較久。但是長久下來,嘴唇也會變得比較乾。

Q:脫妝跟浮粉兩者有何不同？

A:這兩者最大不同點，就是脫妝是指我們整個的妝，比如說流汗、毛細孔泛油，整個的妝就是一塊一塊的掉下來，浮粉的話通常是因為角質層太厚了，或者是說，前一天睡眠不好，所以整個臉上，妝沒辦法去跟我們皮膚miX在一塊，所以就會呈現好像戴了一個厚重面具的一張臉。所以，如果本身皮膚狀態不是很好，通常建議粉底不要打得太厚，因為打得太厚，不管是脫妝或是浮粉，都會讓臉看起來過於厚重，像戴面具一樣，而且粉底的顏色儘量選擇跟本身膚色相近的顏色，會看起來比較自然。

Q:皮膚脫皮，但又需要上妝，該怎麼辦呢？

A:如果皮膚脫皮，可以在上妝前，最好在前一天做去角質的動作，讓多餘老廢的角質層，也就是那些脫皮現象能夠得到一個很好的改善。或是在上粉底前，在上一些保養品或者是隔離霜之後，儘量多去按摩那個地方，讓那邊的皮能夠軟化，同時，當我們在打粉底的時候，遇到脫皮的地方，千萬不要用擦的方式，而且要用輕壓的方式，輕輕的拍壓，把翻起來的角質層，還有皮屑能夠儘量的浮貼在我們臉上。

Q:要如何畫讓嘴唇看起來比較豐滿呢？

A:現在有很多的唇蜜或者商品，它本身是可以讓我們的嘴唇看起來更豐厚，尤其是豐厚的嘴唇，在視覺上會比較性感。或者，妳可以用口紅，在畫完整個嘴唇之後，塗抹上唇蜜去打亮它增加立體感，這樣也可以讓嘴唇看起來比較豐厚。

Q:如何自己修眉才會好看，有什麼要注意的地方嗎？

A:通常有些人不管是用眉刀或是眉夾，都是把眉峰給剃掉，這樣反而眉毛看起來比較像八字眉，或是把眉毛修得過細。但是，我要提醒的是，不是每一個人都適合細眉，也不是每一個場合都適合細眉。所以，妳一定要找出適合自己的眉型，然後去做一個適度的修整。其實，如果說妳眉毛跟眼睛的距離很窄，可以去修整位於眉毛下方的位置，把它修得比較乾淨，然後，把眉峰的位置讓它可以高一點，露出整個眉骨，這樣子整個在眼睛上面的空間就會變得比較大，相對的眼睛也會變得比較大。那怎麼樣修眉呢？其實我會建議妳，剛開始的時候，可以找一個所謂的專家，或者是說所謂的一些有專業技術的人修眉，修完之後，如果這眉型妳很喜歡的話，我會建議妳，當短短的小眉毛長出來時，就儘量用拔的把它拔掉，這樣拔久之後，妳就能夠維持一個漂亮的眉型了。

感謝

appreciation

當妳看完這本書後，無論妳的想法是什麼，我都要感激妳願意花時間去看它，也同時謝謝妳們願意花少許的金錢，卻讓我完成我的心願：將此書的版稅全數貢獻出來，去幫助在這片土地上的兒童讓他們享有你們的愛。

花了很多的時間去構思這本書的內容，也很用心的去尋找很棒很好的商品來分享，這段期間也因為自己的要求常常讓周遭的人不知所措。但此時此刻，我依然相信自己的堅持，把最好的表達出來，讓每位喜歡玩妝的人都能夠有最好的收穫。還是一句話，我不是大師，我只是喜歡我的工作。我非常享受看到每一位被我化妝過後的人，從他們臉上所散發出來的美麗和自信，而且經過我的教授後也都能夠為自己妝扮出最佳的美妝。再來，我也不偉大，我只是從父母和兄姐朋友長輩那兒，學習到施比受更有福，讓愛能夠傳遞出去分享給更多的人。

《玩妝》不是我一個人能夠完成的，是因為我有一家很支持我去尋夢的出版社，和一群花很多時間和我一起努力的企劃編輯、設計美編、攝影等工作人員，讓這本書的內容更豐富。也謝謝我的好友羅雯，總是給我最好的意見和幫我居中協調許多細節，讓每次的拍攝都能順利完成；謝謝賴小乖和Ranny百忙之中還幫我搭出美麗的衣服和做出那麼漂亮的髮型，讓封面上的美女都能美上加美。當然，還有各家的廠商，你們願意將最好的商品讓我一起分享出來，讓大家都能夠美麗無限。最後，感謝所有支持和愛護我的朋友，謝謝你們對於我的體諒與包容，讓我的人生豐盛富足，以慰我在天的父母。再次感謝每位購買此書的人，你們的愛讓世界更美好。

Play cosmetics

作者　劉培華

總編輯　林秀禎

編輯　李欣蓉

統籌　劉培華整體造型設計工作室

美術設計　春和宇宙開發有限公司

經紀　林家誼（Joey）（joeycool@ms37.hinet.net）

攝影　趙志誠

模特兒　王怡怡、孫麗婷、叢玉帆（羅雯　sylvia.LO93@msa.hinet.net）

vcd拍攝　MARTIN　SHAO（martinshao@yahoo.com）

出版者　英屬維京群島商高寶國際有限公司台灣分公司

　　　　Global Group Holdings, Ltd

地址　台北市內湖區洲子街88號3樓

網址　gobooks.com.tw

電子郵件信箱　readers@gobooks.com.tw＜讀者服務部＞

　　　　Pr@gobooks.com.tw＜公關諮詢部＞

聯絡電話　(02)2799-2788

傳真　出版部（02）27990909　　業務部（02）27993088

郵政劃撥　19394552

戶名　英屬維京群島商高寶國際有限公司台灣分公司

發行　希代多媒體書版股份有限公司　　/Printed in Taiwan

初版日期　2007年04月

國家圖書館出版品預行編目資料

玩妝，劉培華 / 劉培華著．－ 初版．－ 臺北市：
高寶國際，2007[民96]
面；公分．－（嬉生活；CI0015）
ISBN 978-986-185-049-8（平裝）

1.化妝術

424.2　　　　　　　　　96003873

Custom-made
fabulous
shape

MARILYN INTERNATIONAL CO., LTD

量身定做 超完美曲線

FIONA
NEW YORK

創造時間新語彙－mini dreamer

FIONA 在深耕飾品市場滿12週年之際，於2006年秋季，首度推出旗下第一只腕表 mini dreamer 不單具功能性，更是整體搭配不可少的光燦耀眼飾品。全球限量500只

揭開天才聖光畫家林布蘭的光源製造方式
經過電腦精算的打光秘密
獨家「林布蘭光粒子科技」×「空氣彈力科技」
創造私人彩妝師＋行動打光師＝巨星般無瑕妝效

fresh®

書友獨享優惠組兌換券

Sugar 身體Spa組

Blossom身體磨砂膏　250g
紅糖護手霜　100ml
原價NT5,400　書友價　NT4,800

保濕清潔組

大豆洗三合一面乳　150ml
玫瑰化妝水250ml
原價NT3,700　書友價　NT3,200

以上優惠組限量100組售完為止